부모의
말 공부

DoM 018

현직 초등 교사가 들려주는 아이가 기적처럼 바뀌는 대화법

부모의 말 공부

초판 1쇄 발행 | 2023년 4월 28일
초판 2쇄 발행 | 2023년 9월 15일

지은이 김민지
펴낸이 최만규
펴낸곳 월요일의꿈
출판등록 제25100-2020-000035호
연락처 010-3061-4655
이메일 dom@mondaydream.co.kr

ISBN 979-11-92044-25-5 (03590)
ⓒ 김민지, 2023

'월요일의꿈'은 일상에 지쳐 마음의 여유를 잃은 이들에게 일상의 의미와 희망을 되새기고 싶다는 마음으로 지은 이름입니다. 월요일의꿈의 로고인 '도도한 느림보'는 세상의 속도가 아닌 나만의 속도로 하루하루를 당당하게, 도도하게 살아가는 것도 괜찮다는 뜻을 담았습니다.

"조금 느리면 어떤가요? 나에게 맞는 속도라면, 세상에 작은 행복을 선물하는 방향이라면 그게 일상의 의미이자 행복이 아닐까요?" 이런 마음을 담은 알찬 내용의 원고를 기다리고 있습니다. 기획 의도와 간단한 개요를 연락처와 함께 dom@mondaydream.co.kr로 보내주시기 바랍니다.

현직 초등 교사가 들려주는 아이가 기적처럼 바뀌는 대화법

부모의
말 공부

김민지 지음

월요일의꿈

1학년 아이가 내게 가르쳐준 말의 힘

"실수해도 괜찮아, 넘어져도 괜찮아"

교직 생활 중 가장 기억에 남는 장면을 꼽으라고 하면 꼭 말하는 경험이 있다. 1학년 담임을 맡았을 때의 일이다. 같은 편 친구의 실수로 게임에서 지게 된 아이가 친구에게 "실수해도 괜찮아, 넘어져도 괜찮아"라고 말해주었던 순간이다. 그 아이의 말 한마디 덕분에 실수한 친구는 활짝 웃을 수 있었고, 학급 전체의 분위기가 따뜻해졌다. 말 공부의 힘을 느낀 순간이다.

아이들의 말에 초점을 두고 지도하던 중 아이의 언어 습관은 결국 부모로부터 전달된다는 것을 알게 되었다. 아이의 행복한 학교생활을 위해선 가정에서의 대화가 너무나도 중요하다. 부모의 한두 마디로 아이 인생이 무너지는 것은 아니다. 다만, 부모의 말투나 언어 습관에 숨어 있는 경향성은 분명 아이에게 영향을 준다. 평소 아이가 들은 말이 아이의 생각을 좌우하고, 아이의 생각은 결국 아이의 삶을 결정한다. 부모의 말이 바뀌면, 아이도 변화한다.

존중받는 대화를 경험한 사람이 존중하는 대화를 할 수 있다. 혹 그동안 자신의 말투나 언어 습관 때문에 고민이 많았다면, 존중받는 대화의 경험이 부족했기 때문일 수 있다. 자녀를 위한 말 공부 이전에, 말에 상처받아 온 부모 자신의 내면 아이를 먼저 돌아보고 위로하는 독서 시간이 되길 바란다. 자녀에게 들려주고 싶은 말을 자신에게 먼저 들려주고 이를 통해 힘을 얻으면 된다. 내면이 치유될 때 말 습관에도 변화가 시작된다.

아이들은 아직 감정을 조절하고 이를 말로 표현하는 능력이 부족하다. 부정적인 감정을 격한 태도로 표현하는 경우도 종종 생긴다. 이런 아이의 모습을 볼 때 부모도 화가 나고 어떻게 가르쳐야 할지 막막하다. 1장에서는 부모의 감정과 욕구를 표현하고, 아이에게 올바른 방향을 제시할 수 있는 대화법의 기본을 담았다.

2장에서는 아이와의 관계가 좋아지는 대화법을 다룬다. 부모의 감정을 건강하게 표현하다 보면 아이도 건강한 감정 표현 방법을 배울 수 있다. 아이는 단순한 비난을 넘어 올바른 행동을 안내해 주는 부모님을 통해 안정감을 느끼게 된다. 결국 아이와의 관계가 좋아지게 된다.

3장에서는 자율성을 높일 수 있는 대화법을 다룬다. 자율성의 바탕에는 절제가 있다. 규칙을 소중히 생각하고 약속을 지키기 위해 절제하는 아이는 친구들에게 인정받는다. 아이를 존중하여 선택의 자유를 주되, 안 되는 것에 대한 경계를 알려주고, 행동에 따르는 결과를 겪어내도록 하는 대화가 필요하다.

자존감은 아이의 인생의 뿌리이다. 안타깝게도, 더 나아지도록 자극하겠다는 이유로 자존감을 깎는 말을 하는 경우가 많다. 아이의 자존감은 자신을 존중하는 부모의 태도를 통해 단단해진다. 4장에서는 가정에서 지금 바로 실천해볼 수 있는 자존감을 높이는 대화법을 다룬다.

학부모들께 자녀의 학교생활에서 가장 궁금한 점에 대해 설문을 하면 단연 1위는 친구 관계이다. 사회성이 높은 아이는 학교 가는 것이 즐겁다. 친구들에게 인기가 많기 때문이다. 그 비결은 친구를 존중하고 친구의 입장을 헤아리는 태도에 있다. 사회성을 높일 수 있는 대화법은 5장에서 구체적으로 확인할 수 있다.

아이가 공부를 하지 않아 고민이라면 6장의 내용이 큰 도움이 될 것이다. 무엇보다 아이가 공부를 싫어하는 원인이 무엇인지 파악할 필요가 있다. 결과보다 과정에 초점을 맞추는 태도, 실수도 소중한 경험임을 아는 태도, 스스로 학습에 대해 주도권을 갖는 태도를 대화를 통해 가르칠 수 있다.

사춘기를 겪는 시기가 과거보다 빨라졌다. 예민한 아이와의 대화는 다툼으로 끝나기 쉽다. 굳게 닫힌 아이의 방문처럼 부모를 향한 마음의 문을 닫은 사춘기 아이들이 많다. 7장의 내용을 통해 사춘기 아이가 방문을 활짝 열고 부모님과 대화할 수 있기를 기대한다.

마지막으로 8장에서는 이혼 가정, 별거 가정, 위기 가정의 상황을 다루었다. 이혼율은 갈수록 높아지지만 이혼 가정이 겪는 갈등 상황과 아이와의 대화 방법을 다루는 콘텐츠는 부족하다. 아이들의 말 못 할 고통과 까맣게 타 들어간 부모님의 심정을 생각하며 최선을 다해 8장의 원고를 집필했다. 무엇보다도 부모님들의 죄책감을 덜어드리고 싶다. 부부 관계에 위기가 왔더라도, 대화를 통해 아이를 건강하게 키울 수 있음을 기억해주었으면 하는 바람이다.

글을 쓸 수 있도록 힘을 주신 하나님께 감사드린다. 적극적으로 지지해주는 사랑하는 남편과 가족들, 출판에 도움을 주신 모든 분들께 감사의 인사를 전한다. 이 책이 가족의 행복을 회복시키는 마중물이 되길 기도하며, 오늘도 아이를 키워내기 위해 고군분투하고 계신 모든 주양육자들께 이 책을 바친다.

차례

아이와의 행복한 대화를 위한 '꿀팁' 목록

1장

부모가 달라지면
말이 달라진다

잘못된 방식으로 표현하는 아이의 욕구를 알아차리고
공감부터 해주면 아이를 가르치기가 쉬워집니다.
"많이 힘들었구나. 엄마가 어떻게 도와주면 좋을까?"

˅˅˅˅˅˅˅˅˅˅˅˅˅˅˅

아이의 숨겨진 욕구만큼이나 부모의 숨겨진 욕구도 중요합니다.
부모의 마음이 힘들 땐, 그 마음도 표현해주세요.
"우리 잠시 후에 대화 나누자.
엄마가 지금은 대화를 할 수 있는 마음 상태가 아니네."

1-1

부모의 마음 상태에 답이 있다

"화내기 전에 한 번 더 생각하고 말할 수 있지?"

나는 아침을 꼭 챙겨 먹고 출근을 한다. 아침을 먹지 않고 배고픈 상태로 출근했을 때와 간단하게라도 챙겨 먹고 출근했을 때 큰 차이가 있다는 것을 느끼기 때문이다. 아이가 잘못된 행동을 하더라도 배가 든든하게 차 있을 때는 내 마음이 덜 흔들린다. 배가 고플 때는 같은 행동을 봐도 좀 더 예민해진다. 예민해진 마음을 다스리고 감정에 휘둘리지 않기 위해선 많은 노력이 필요하다. 배가 고프고 부르고에 따라서도 이렇게 마음에 큰 차이가 생긴다. 몸이든 마음이든 여유가 있을 때 더 부드러운 말, 아이를 이해하는 말이 나온다.

부모의 말은 부모의 마음 상태와 관련이 깊다. 흔히 잠든 아이를 보고 천사 같다고 표현한다. 자는 아이의 모습은 왜 천사처럼 느껴질까? 아이가 잠이 들면 부모에게 여유가 생기기 때문이다. 이처럼 부모의 마음 상태는 아이를 바라보는 부모의 시선을 변화시킨다. 변화된 부모의 시선은 말에 영향을 준다. 부모가 심적으로 여유가 있어야 아이를 부드러운 말로 받아줄 수 있다. 부모의 마음 상태를 파악하고 긴 시간 쌓인 스트레스를 관리하는 것이 꼭 필요한 이유이다. 부모의 마음 상태는 말을 통해 자녀에게 그대로 전달된다.

> "도대체 엄마가 몇 번을 말하니?"
> "제발 좀 그만하라고!"
> "그래서 할 거야, 말 거야? 제대로 말 안 해?"
> "지긋지긋하다, 정말."
> "어휴, 네가 알아서 해. 네 인생인데."
> "다 그만두고 싶다, 정말."

소중한 내 아이에게 왜 이렇게 날 선 말을 내뱉게 되는 걸까? 한 연구에 따르면, 전체 어머니 중 75.2%가 경한 우울 상태, 중한 우울 상태, 심한 우울 상태 중 한 상태에 있는 것으로 나타났다. 최선을 다해 육아에 임하는 사이 나를 잃어간다는 느낌이 들 때, 육아에 소홀한 배우자를 볼 때, 기대에 미치지 못하는 아이의 모습을 볼 때 등 여러 가지 양육 스트레스로 부모는 우울해진다. 한 연

구에 따르면, 양육 스트레스와 우울감이 높을수록 언어적 학대의 정도가 높다는 것이 실험으로 밝혀졌다.[*]

내 마음이 힘들다 보니 아이의 마음에 상처를 주는 말을 하게 되는 경우는 종종 발생한다. 말과 행동을 되짚어보면 후회스럽다. 다음부턴 부드럽게 대하기로 다짐해보지만 쉽지가 않다. 비슷한 상황이 닥치면 부정적인 대화의 패턴이 쉽게 반복되기 때문이다. 이럴 때마다 죄책감을 불러일으키는 생각들이 부모 마음을 콕콕 찌른다.

> '더 따뜻하게 대답해줬으면 좋았을 텐데.'
> '너무 섣부르게 다그치고 혼을 낸 게 아닐까.'
> '난 대체 왜 이럴까.'

하지만 죄책감은 정말 벗어던져야 한다. 내 잘못이 아니기 때문이다. 아이 씻기기, 숙제와 준비물 챙기기, 음식 만들기, 장보기, 분리수거, 옷 정리, 병원 정기검진 등 부모가 챙겨야 할 일들은 항상 산더미다. 에너지를 사용해야 할 일들이 끊임없이 닥치니 피로감은 절로 따라온다.

바쁜 일상 가운데 나의 에너지를 채울 기회는 별로 없다. 나를 돌볼 시간이 필요한 것을 알지만 시간적 여유 자체가 부족하다. 아이가 갑자기 떼를 쓰거나, 형제들과 다툴 때, 사람이 많은 곳에서 예상치 못한 행동을 할 때 등 순간순간 난관에 부딪히기도 한다.

결국 이 모든 문제를 해결해내야 하는 부모의 마음은 지치게 된다. 자녀의 요구에 따뜻하게, 섬세하게 대응하는 능력은 발휘되기가 어렵다. 부모의 잘못이 아니라 당연한 일인 것이다.

죄책감을 꼭 해소해야 하는 이유는 죄책감이 불안감을 자극하기 때문이다. 학부모들과 상담을 하다 보면 죄책감이 원인이 되어 육아 스트레스가 가중되는 경우를 종종 보게 된다. "제가 뭘 몰라서 아이를 제대로 못 가르친 것 같아요." "미리 한글을 좀 떼야 했는데 아무것도 못 시켰네요." "우리 애가 너무 늦은 건 아닐까요?" 이렇게 아이에 대해 가지는 미안함, 죄책감, 조급함 같은 감정들은 부모의 불안을 자극하고 스트레스를 준다. 부모의 불안감은 다음과 같이 부정적인 말로 이어진다.

엄마: 너 이거 했어? 안 했어? ✦

아이: 안 했어요.

엄마: 엄마가 꼭 해놓으라고 했잖아! 숙제도 제때 못하고 어쩌려고 이래!

아이: 하기 싫단 말이에요.

엄마: 하기 싫은 게 어딨어! 그러려면 학교는 왜 가! 숙제 하나도 못하면서 나중에 커서 뭐가 되려고 그래! 얼른 방에 들어가서 해!

아이: (시무룩한 표정으로 방으로 들어간다.)

엄마: 앞으로 숙제 먼저 안 하면 나가 노는 건 꿈도 꾸지 마!

상황을 보면 아이는 숙제를 하지 못했을 뿐이다. 부모의 불안은 '숙제를 하지 않은 상황'이 '실패한 성인으로 자란 아이의 모습'으로 이어지게 한다. 아이의 한 가지 부족한 면을 보고 끊임없이 걱정하는 것이다. 이러한 걱정 속에는 습관을 제대로 가르치지 못했다는 자책도 들어 있다. 불안한 마음에 지나치게 아이의 일에 개입해 잔소리하게 된다. 과하게 엄격한 태도로 아이를 대하기도 한다.

잘 키우고 싶은 마음이 낳은 자책과 불안임을 알고 있다. 그러나 나와 아이를 위해 이 문제는 반드시 다뤄야 한다. 아동연구센터 심리학자 레베카 베리Rebecca Berry 박사는 부모의 불안에 대한 글을 기고했다.[**] 그는 불안으로 힘들어하는 부모를 둔 아이들이 불안 장애에 걸릴 확률이 보통 아이들보다 2~7배 더 높다고 밝혔다. 부모의 마음 상태가 그대로 자녀에게 전달되기 때문이다.

부모의 불안은 해소되어야 한다. 불안은 아이의 행동에 의해 생기는 것이 아니라 부모의 내면에서 비롯된다는 것을 기억하자. 부모의 내면을 객관적으로 살펴보고 아이와의 대화에 영향을 미치고 있는 감정들을 확인해야 한다.

나의 마음 상태가 아이에게 영향을 주고 있다는 것을 깨달았다고 해도, 단번에 부모의 불안감과 양육 스트레스를 없앨 수는 없다. 마음의 문제는 '안 그래야지!'라고 한다고 괜찮아지는 것이 아니기 때문이다. 당신을 평안하게 만들어주는 시간은 언제인가? 나의 경우에는 조용히 음악을 틀어놓고 묵상하는 시간, 배우자와 산책하는 시간이 참 편안하다.

배우자와 대화 나누기, 혼자 외출하기, 친구들과 수다 떨기, 산책하기 등 마음에 쉼을 찾는 시간을 꼭 갖길 바란다. 수고한 당신에게 숨 쉴 시간을 스스로 허락해야 한다. 이외에도 바쁜 일상을 보내고 있는 부모에게 부담이 되지 않으면서 가볍게 실천할 수 있는 몇 가지 방법을 소개하겠다. 작은 실천을 통해 자신과 자녀에 대한 긍정적인 기운을 계속 얻게 된다면 조금씩 변화가 나타날 것이다.

첫째로, 스스로에게 자신을 신뢰한다는 말을 해주어야 한다. 양육 과정에서 반복되는 실패 경험은 부모를 위축시킨다. 과거의 실수와 실패가 마음에 상처로 남아 있으면 걸림돌이 된다. '난 부족한 부모야'라는 생각에서 해방되자. 이미 수고하고 있는 자신을 충분히 격려해주자. 온 마음을 다해 다음의 문장으로 당신의 마음을 안아주고 싶다. 혼자 이 책을 읽고 있다면 꼭 소리 내어 읽어보길 추천한다.

"난 이미 좋은 부모야."

"어려운 부분은 배우면 되는 거야."

"난 아이를 충분히 잘 키울 수 있어!"

"난 오늘도 밝게 웃으며 아이를 대할 거야."

"난 세상에서 제일 어렵다는 육아를 매일 해내고 있는 사람이야."

"나 정말 기특하구나!"

둘째, '질문-답변하기' 방법도 도움이 될 수 있다. 에릭 스팬겐 버그 박사와 앤서니 그린월드 박사의 연구에 따르면, 앞으로 어떻게 행동할 것인지 스스로 질문을 던지고 대답하는 과정만 거쳐도 행동에 변화가 나타난다고 한다.[***] 가장 잘 안 되는 부분에 대해 스스로 질문하고 대답해보자.

> "아이에게 화내기 전에 한 번 더 생각하고 말할 수 있지?"
> ⇒ "그럼. 할 수 있지."
>
> "다그치지 않고 부드럽게 이유를 물어볼 수 있지?"
> ⇒ "응. 할 수 있지."
>
> "행복한 마음으로 아이를 대할 수 있지?"
> ⇒ "응. 할 수 있지."

마지막으로, 잠시라도 신체 활동을 하며 자신의 마음을 살피는 시간을 갖자. 많은 심리학자가 정서적 피로는 가벼운 산책이나 스트레칭 같은 신체 활동으로 해소할 수 있다고 말한다. 부모가 힘을 얻어야 아이의 감정도 잘 받아줄 수 있다. 신체 활동에 호흡이 더해진다면 더욱 도움이 된다.

호흡은 실제 내가 교실에서도 활용하고 있는 방법이다. 우선, 허리를 곧게 편 후 어깨의 힘을 뺀다. 깊이 내쉬고 들이쉬기를 반복한다. 내쉴 때는 배가 등에 붙는다는 느낌으로, 들이쉴 때는 아랫 배가 충분히 부풀 만큼 깊이 들이쉰다. 깊은 호흡을 다섯 번만 해도 아이들이 안정된 마음으로 수업에 임하게 된다. 다툰 아이들을 보며 나에게도 부정적인 감정이 훅 올라올 때, 아이들에게 깊은 호흡을 시키며 나도 함께 숨을 쉰다. 확실히 마음이 안정되는 것을 느끼고 있다.

세상에 나보다 내 아이를 더 사랑할 수 있는 사람은 없다. 이 사실 하나만으로도 당신은 이미 충분히 훌륭한 부모이다. 아이들에게는 무엇과도 바꿀 수 없는 단 한 사람인 당신. 자책하고 후회하는 패턴에서 벗어나 정서적 여유를 가질 수 있도록 스스로 돌보아주길 바란다.

부모의 '멈추는 시간', '힘을 얻는 시간'을 꼭 회복해야 한다. 부모 자신에게 쉼을 주는 시간이 자녀와의 좋은 대화를 이끈다는 것을 꼭 기억하자.

1-2

듣고 싶었고, 들려주고 싶은 말

"엄마 아빠는 너를 정말 사랑한단다"

1985년 버클리대학 메리 메인Mary Main 교수는 성인들을 대상으로 인터뷰를 진행했다. 이 연구를 통해 어린 시절 부모와 맺은 관계가 본인의 양육 태도에 큰 영향을 준다는 사실이 밝혀졌다. 부모의 무의식 속에는 전 부모 세대로부터 대물림된 언어 습관과 양육 태도가 깊이 배어 있다. 부정적인 대화 패턴이 무의식중에 반복되고 있다면, 우선 깊은 심리적 어려움을 해소하는 것이 필요하다. 자녀와의 관계를 결정하는 열쇠는 부모의 언어 습관이다.

〈성격과 사회심리학 저널Journal of Personality and Social Psychology〉에 발표된 미국의 심리학자 로널드 로너Ronald Rohner 교수의 논문에 따르면, 부모의 거절은 오랜 기간 아이의 심리에 강하고 나쁜 영향을 준다고 한다. 거절당한 경험이 많으면 불안감을 느끼게 된다. 잦은 거절의 경험은 자존감도 크게 훼손시킨다. 자기 자신에게 문제가 있다고 느끼기 때문이다. 거절의 말은 수치심도 가져다준다. 수치심은 스스로를 잘못된 존재라고 느끼게 만드는 감정이다. 반복해서 수치심을 느낀다면 자신에 대해 부정적인 자아상을 갖게 된다.

> "내가 너 때문에 못살아."
> "넌 애가 어떻게 된 게 조심성이 없니?"
> "빨리 준비하라고 그랬지. 게을러빠져서는!"
> "넌 이것도 몰라? 왜 그렇게 머리가 나쁘니?"
> "똑바로 좀 해!"

혹시 아이에게 이런 말들을 자신도 모르게 하고 있지는 않은가? 그렇다면 나 또한 '부모의 거절' 속에서 자라왔다는 것을 이해해야 한다. 당신의 부모님 또한 조부모의 이러한 양육 방식 아래에서 자랐을 가능성이 크다. 나도, 나의 부모님도 자식의 가슴에 생채기를 내려 의도적으로 거절하는 말을 한 것이 아니다. 그저 힘에 부치는 삶을 살아가며 뜻대로 되지 않는 하루에 지쳐 뱉은 말이었을 것이다. 부모님이 나에게, 내가 내 자녀에게 정말 해주고 싶었던 말은 "네가 있어서 행복해", "엄마는 너를 사랑해", "아빠는 네가 정말 소중해"였음을 기억하자.

자녀에게 내가 받은 상처를 물려주지 않고 여기서 아픔을 끝내야 한다. 그러기 위해 배우자와 나의 성장 배경과 경험에 관해 대화를 나누는 시간이 필요하다. 잘 안되는 부분에 대해 솔직하게 털어놓고 배우자에게 도움을 구해보자. 배우자와 한 팀이 될 수 있는 대화 시간이 필요하다.

> "내가 늘 돈 걱정하는 가정에서 자라 그런지, 나도 모르게 돈과 관련된 아이의 요구에 과하게 화를 낼 때가 있어. 그러고 싶지 않은데 자꾸 반복이 되네. 화를 다스리도록 노력해볼게."
>
> "부모님과 따뜻한 대화를 나눠본 적이 없어서 그런지 아이들에게 어떻게 표현해야 할지 잘 모르겠어. 도와줄 수 있을까?"

신규 교사 시절 동료 교사로부터 들었던 이야기가 꽤 인상 깊게 남아 있다.

"학급에 학교생활을 잘하고 있는 학생이 있어요. 그런데 이상하게 그 아이를 보면 마음 한구석에 불편한 감정이 올라올 때가 있네요."

이후 그 교사는 이유를 알게 되었다. 스스로 가장 싫어하는 '나의 모습'을 그 아이에게서 보았기 때문이다. 내가 싫어하는 내 모습, 내가 외면하고 싶은 내 모습을 그 아이를 통해 계속 마주하게 되니 당연히 불편했을 것이다. 그 아이가 싫은 것이 아니라 그 아이를 통해 보이는 내 모습이 싫었던 것이다. 그러니 '난 내가 싫어'가 아닌, '난 네가 싫어'라는 생각을 무의식중에 하게 된 것이다.

이처럼 내 생각이나 감정, 문제점 등을 남에게 무의식적으로 넘겨버리는 방어기제를 '투사'라고 한다.

지금 자녀를 바라보면서 판단하고 있는 생각들도 투사일 수 있다. "얘는 도대체 누굴 닮아서 이래?"라는 말이 나올 정도로 아이의 특정 행동이 유난히 불편하게 느껴진다면 생각해보자. 자신이 싫어하는 누군가와 닮아서 싫은 것이 아닌지. 부모들은 종종 나 자신, 배우자, 시부모님(혹은 장인 장모님), 나의 부모님 등 누군가를 투사해놓고 아이를 보곤 한다. 만약 부모가 자신의 부정적인 감정을 투사해서 말하는 것을 반복한다면 아이는 자존감에 상처를 받게 된다. 타인에게서 비롯된 분노와 좌절을 자녀의 탓으로 투사하게 되면 자녀에게도 남 탓을 하는 성향이 나타날 수 있다.

어떻게 하면 투사에서 벗어나 사랑하는 내 아이를 있는 그대로 바라볼 수 있을까? 스스로를 잘 관찰하면 된다. 자신의 상태를 객관적으로 보는 것에서 치유와 성장이 시작하기 때문이다. 내 아이에게 필요한 부모는 완벽한 정서적 조건을 가진 다른 부모가 아닌, 바로 '나' 자신이다. '나'를 필요로 하는 내 아이에게 '성장하는 나'로 다가가면 된다. 그러니 자신을 비하하지 말자. 나의 상처와 그 상처에서 비롯된 문제를 정확히 알고 성장하려는 마음만 갖고 있으면 된다.

내면에서 발생하는 문제들은 해소되지 못한 감정 때문인 경우가 많다. 감정을 표현해야 할 때 제대로 표현하지 못해 쌓인 것이다. 우리에게는 내면의 묵은 감정들을 해결하는 시간이 꼭 필요하다. 부모님의 양육 방식에 의해 정서적 결핍이 생겼다면 부모님과 솔직한 대화를 나누는 것도 도움이 된다. 투사의 원인이 되는 상대방이 진심으로 사과하고 나를 다독여준다면 가장 좋다. 그럴 상황이 안 된다면 상대로부터 받은 상처를 글로 표현해보자. 힘든 여정을 겪어낸 나를 격려하는 편지를 써도 좋다. 상처 입은 내면의 아이가 최대한 감정을 표현할 수 있도록 기회를 주어야 한다.

1학년 교실에서 한 아이가 "아!" 하며 큰 소리를 냈다. 몰래 가위로 지우개를 조각내는 장난을 치다가 손가락을 깊게 베인 것이다. 병원에 데려가기 위해 어머니가 급히 학교에 왔다. 어머니는 아이의 손을 확인하고는 아이를 다그치기 시작했다.

엄마: 으이구, 어쩌다 이랬어!

아이: 그냥….

엄마: 내가 못 살아 정말. 창피하다 창피해. 형은 안 그러는데 너는 왜 그러니 정말?

아이: (시무룩하게 고개를 떨군다.)

엄마: 선생님 죄송해요. 형은 안 이러는데 애는 도대체 왜 이러는지… 정말 부끄럽네요.

아이가 다쳐서 속상한 부모의 심정은 당연한 것이다. 그런데 아이가 다친 일에 부끄러움을 느끼게 되는 이유는 무엇일까. 자녀를 향한 높은 기대감과 부모의 오래된 열등감이 그 원인일 수 있다.

부모의 무의식을 들여다보면 '이상적인 자녀'라는 기준이 있다. '우리 아이는 이 정도 수준은 되어야 해'라는 생각이다. 이 기준이 지나치게 높은 경우에 어려움을 겪을 수 있다. 아이를 키우면서 부모의 높은 기준에 비해 아이가 한참 부족한 경우를 겪게 되는데 그럴 때마다 부모의 기대감은 조금씩 깎여나간다.

기대에 못 미치는 아이를 볼 때 '얘는 왜 이것도 못하지?'라는 생각이 들 때도 있다. 이 생각은 "넌 왜 그것도 못해?", "넌 왜 늘 이런 식이야?"와 같은 비난의 말로 아이에게 전달된다. 이런 말을 반복해서 듣는다면 어떻게 될까. 아이가 살면서 난관에 부딪힐 때 '난 왜 이러지? 난 왜 이것도 못하지?'라는 생각이 자연스럽게 떠오를 것이다.

열등감은 누구나 가지고 있는 감정이다. 그러나 지나치게 높은 열등감은 자녀를 대할 때 부정적인 영향을 미친다. 내 아이는 이렇게 살지 않았으면 하기 때문이다. 무의식중에 아이를 통해 자아를 실현하고 대리만족을 얻고 싶은 마음이 생길 수도 있다.

예를 들어 학업에 대한 열등감으로 힘들어했던 엄마가 아이의 성적이나 공부하는 태도에 민감하게 반응하는 경우를 보자. 힘들었던 자신의 모습이 아이에게 투사되면서 분노가 일어나고 민감해진다. 아이에게 투사되고 있는 나의 열등감이 있다면 자신의 감정부터 다독여야 한다. 분노가 정말 아이 때문인 게 맞는지 객관적으로 생각해볼 필요가 있다.

버클리대학 심리학자인 오즈렘 에이덕Ozlem Ayduk과 미시간대학 이선 크로스Ethan Kross는 자녀를 객관적으로 바라보는 데 도움이 되는 심리 법칙을 발표했다. 벽에 붙은 파리를 예로 들어 설명한 것에서 '벽에 붙은 파리 효과Fly-on-the-Wall Effect'라는 이름이 붙었다. 파리가 내 아이의 안 좋은 습관을 본다면 어떤 말을 해줄까? 벽에 붙은 파리라면 이렇게 말해줄 것이다.

> "누구나 단점을 가지고 있어. 안 좋은 습관은 조금씩 바꿔나가면 되는 거야. 힘내!"
> "너는 정말 장점이 많은 아이야. 더 나은 사람이 될 수 있을 거야."

부모 자신에 대해서도, 자녀에 대해서도 '너는 부족해'라는 시선을 거둬들이자. 부모도, 아이도 분명 최선을 다해 성장하고 있음을 믿어주자.

내 자녀에게는 상처를 주지 않으리라 다짐하지만 무의식중에 우리는 부모의 모습을 닮는다. 우리는 과거 세대의 양육 방식의 영향력에서 벗어나야 한다. 자신도 모르는 사이에 어린 '나'를 힘들게 했던 부모님의 모습으로 자신의 자녀를 대할 가능성이 크다는 것을 인식하자. 무의식 속에 남아 있는 거절의 상처, 수치심, 열등감 등에서 벗어날 수 있도록 객관적으로 나와 자녀를 들여다보자. 나를 돌아보며 성찰하고 성장하고자 마음만 먹어도 된다. 그것으로 충분하다.

TIP 나를 화나게 하는 아이의 행동엔 이렇게 말해주세요

수치심을 주는 말 줄이기

- "게을러빠져서는!"
- "넌 이것도 몰라?"
- "왜 그렇게 머리가 나쁘니?"
- "똑바로 좀 해!"

변화할 수 있게 힘을 주는 말 들려주기

- "누구나 단점을 가지고 있어. 안 좋은 습관은 조금씩 바꿔나가면 되는 거야."
- "너는 정말 장점이 많은 아이야. 더 나은 사람이 될 수 있을 거야."

배우자에게 도움 요청하기

- "성적 때문에 많이 비교당하고 힘들어했던 경험 때문에 그런지 아이들이 공부를 안 하고 있으면 화가 많이 나. 조절하려고 노력하는데, 당신 도움이 필요할 것 같아. 당분간 아이들 숙제 체크는 당신이 먼저 해줄 수 있을까?"

부모와 아이, 서로의 욕구를 알아야 한다
"힘들어? 뭔가 어려운 일이 있는 것 같아"

　　마셜 로젠버그Marchall B. Rosenberg 박사가 공저한 《비폭력 대화》에 따르면 모든 사람은 자신의 욕구를 충족시키기 위해 행동한다고 한다.* 배가 고파 짜증이 났던 경험이 있는가? '식욕'이라는 욕구가 충족되지 못해 '짜증, 화남'과 같은 감정이 나타난 것이다. 이처럼 감정은 욕구가 충족되거나 충족되지 못함에 따라 나타난다. 아이의 욕구에 대해 알게 되면 감정을 이해하고 소통을 하는 데 도움이 된다. (40쪽의 팁에 제시한 욕구 목록과 감정 목록을 참고해보자.)

　　아직 어린 아이들은 자신의 감정을 표현하는 방식이 미숙하다. 감정을 스스로 받아들이고 해소하는 것, 타인에게 부드럽게 내 감

> **아이:** (뜻대로 조립이 되지 않는 장난감을 던지며) 아, 진짜 엄마 이거 왜 ✦
> 이러냐고!
>
> **엄마:** 이게 어디서 엄마한테 짜증이야. 그럴 거면 그거 갖고 놀지 마!
>
> **아이:** (울컥한다) 아니 그게 아니고….
>
> **엄마:** 아니긴 뭐가 아니야, 뭐만 잘 안 되면 짜증부터 내고. 어디서
> 배워먹은 버릇이야!

정을 설명하는 건 쉽지 않은 일이다. 아이의 미숙한 표현 방식 이면에 숨어 있는 욕구를 이해해야 근본적인 대화가 가능하다.

위 대화 속 아이의 욕구는 무엇이었을까? 아이는 '즐거움', '재미', '성취감'을 느끼고자 하는 욕구로 조립을 시작했다. 여러 차례 조립에 실패하니 '지침', '좌절', '화남' 같은 감정들이 올라왔다. 감정 표현에 서툰 아이는 이 감정을 장난감을 던지고 화를 내는 것으로 표현했다.

아이의 숨겨진 욕구를 알게 되면 부모도 마음에 여유가 생긴다. '얘가 왜 이래!'라며 욱하는 감정이 올라오는 것을 잠재울 수 있다. '잘하고 싶은데 안 되어서 짜증이 났나 보네'라고 객관적으로 인식이 된다. 여유가 생기면 아이의 잘못된 감정 표현에 감정적으로 맞대응하지 않게 된다. '내 아이가 이렇게 표현할 정도로 힘들었구나'라고 아이의 감정을 이해할 여지가 생기는 것이다.

부모가 차분히 대하면 아이의 마음이 진정되는 데 도움이 된다.

아이의 잘못된 표현 방식에 대해서는 아이의 마음이 진정된 후에 지도하면 된다. 마음이 진정되면 자신을 수용해준 부모에게 마음이 열리고 부모의 지도를 받아들일 수 있는 상태가 된다. 위와 같은 상황에서 부모가 욕구를 이해하고 감정을 수용하면 어떻게 대화가 달라지는지 보자.

부모가 아이의 욕구를 이해하고 수용해주었을 때의 대화

> **아이:** (뜻대로 조립이 되지 않는 장난감을 던지며) 아, 진짜 이거 왜 이러냐고!
>
> **엄마:** 재원아, 힘들어? 뭔가 어려운 부분이 있나 보다.
>
> **아이:** 네. A1을 여기에 끼우라고 했는데 도저히 안 들어가요. 아까부터 다른 조각도 그랬어요. 진짜 너무 어려워요.
>
> **엄마:** 재원이가 하기엔 너무 어려웠나 봐. 엄마가 도와줄 부분이 있을까?
>
> **아이:** 아… 일단 제가 한 번 더 해볼게요.
>
> **엄마:** 그래. 다시 도전해보고 정 힘들면 엄마한테 얘기해. 재원아, 이렇게 힘든 부분을 말로 표현해야 하는 거야. 장난감을 던지는 건 위험한 행동이고 해서는 안 돼. 다음부턴 말로 표현할 수 있겠지?
>
> **아이:** 네, 죄송해요.

'당장 화를 내서라도 가르치는 게 먼저 아닌가요?'라고 반문할 수 있다. 가르친다는 건 마음과 행동에 변화가 일어날 때 의미가 있다. 다그치는 말로 대화를 시작하면 아이의 마음은 가르침을 받기도 전에 닫혀버린다. 부모가 하는 말의 핵심은 들리지 않고 '화를 내고 있다'라는 느낌만 전달된다. 아이는 감정만 상하고 배워야 할 것을 제대로 배울 수 없다. 반대로 감정을 먼저 받아주면 어떨까? 자신의 욕구를 알아차리고 감정을 받아주는 부모에 대한 미안함과 고마움이 마음에 생겨난다. 아이를 가르칠 수 있는 여지가 생기는 것이다. 숨겨진 욕구를 알아차리는 것이 더욱 효과적임을 다음의 대화 패턴 비교를 통해 확인할 수 있다.

다그치기 vs 욕구 알아차리기

○ 다그치기 → 아이는 욕구가 채워지지 못한 상태로 혼이 남 → ✦
아이의 마음이 닫힘 → 이후 지도하는 말은 모두 잔소리로 들림

● 아이의 숨겨진 욕구 알아차리기 → 부모의 공감으로 아이의
감정이 가라앉음 → 아이의 마음이 열림 → 잘못된 아이의 감정
표현 방식에 대해 지도함 → 마음이 열린 아이는 무엇이 문제였
는지 이해하고 부모의 지도를 받아들임

어떤 말로 아이의 숨겨진 욕구를 알아차리는 대화를 시작하면 좋을까? 아이가 불편함을 표현할 때 다음과 같은 말들로 대화를 시작하면 도움이 된다.

"이렇게 하고 싶었던 거야?"
"불편해 보이는구나."

"뭔가 힘든 일이 있었던 것 같아."

"엄마가 도와주고 싶구나."

"아빠가 어떻게 도와주면 좋을까?"

아이의 욕구를 충족시킬 수 없는 상황에는 욕구를 인정해주고 상황을 설명해주면 된다. 인정받는 것만으로도 감정이 한결 누그러진다.

아이의 행동 이면에 숨겨진 욕구를 단번에 알아챈다면 좋겠지만 그렇지 않은 경우도 많다. 아이들이 자신의 욕구를 정확히 표현하는 경우는 드물기 때문이다. 아이의 숨겨진 욕구를 알아차릴 수 있도록 이렇게 생각해보자.

'부모로부터 인정받고 싶어서 이런 행동을 하는 것일까?'

'혹시 우리 아이가 나에게서 안정감을 원하는 것은 아닐까?'

'동생과 더 질서 있게 놀고 싶어서 저런 행동을 하는 것은 아닐까?'

아이가 자신의 상황을 정확하게 말로 설명하지 못한다면 질문을 던져보자.

"이 장난감이 재미가 없으면 같이 색칠 공부를 해볼까?"

"친구들에게 인사하는 게 쑥스러우면 손만 흔들어볼까?"

부모 또한 욕구를 가지고 있다. 부모는 아이의 욕구를 이해하기 위해 노력하는 것과 함께 자신의 욕구가 무엇인지도 생각해봐야 한다. 부모도 욕구가 제대로 충족되지 못하면 감정 섞인 말투로 대화에 임하게 되기 때문이다. 부모 스스로 감정의 원인이 되는 욕구를 깨달을 수 있다면 아이와의 갈등이 현저히 줄어든다. 마음이 언짢아질 때면 깊이 숨을 들이쉬며 내가 진정으로 바라는 욕구가 무엇인지 생각해보자. 부모가 자신의 욕구를 깨닫지 못하면 다음과 같이 아이를 비난할 수도 있다.

> 아이: (학원을 다녀온 아이가 거실에 옷과 가방을 아무렇게나 내려놓으며 ✦ 방으로 간다.)
> 엄마: 밖에 있는 네 짐들 정리해, 얼른.
> 아이: (스마트폰을 충전기에 꽂으며) 아, 좀 있다가요. 급해요.
> 엄마: 좀 있다가는 무슨 좀 있다가야! 엄마가 종일 일 하고 집에 와서도 네 뒤치다꺼리를 해야 하니? 당장 정리해!
> 아이: 아, 나중에 정리할 건데, 엄만 맨날 화부터 내!
> 엄마: 뭐가 어째? 네가 언제 정리 제대로 한 적 있어?
> 아이: 엄마 또 시작이다! (문을 쾅 하며 닫는다.)

엄마의 욕구는 무엇이었을까? 엄마는 '아이가 정리하길 원하는 마음' 이전에 '퇴근 후에 휴식을 취하고 싶다'라는 욕구가 있었던 것이다. 위 대화를 보면 '쉬고 싶은 엄마의 욕구'는 제대로 전달되지 못하고 '아이가 정리하지 않아 짜증 난 감정'만 전달되고 있다.

이처럼 부모가 아이에게 요구하는 것은 대부분 직접적으로 욕구를 표현하는 것이 아니다. 이 욕구를 충족하기 위해 바라는 것을 말하는 경우가 많다. 욕구를 명확히 표현한다면 다음과 같이 대화가 변할 수 있다.

> **아이:** (학원을 다녀온 아이가 거실에 옷과 가방을 아무렇게나 내려놓으며 ✦ 방으로 간다.)
>
> **엄마:** 건우야, 엄마가 오늘은 좀 컨디션이 안 좋아서 쉬고 싶네. 밖에 있는 네 물건들을 정리해준다면 엄마가 더 마음이 편할 것 같아.
>
> **아이:** (스마트폰을 충전기에 꽂으며) 엄마 제가 친구에게 알려줬던 숙제 범위가 잘못되었어요. 이것만 빨리 알려주고 정리할게요.
>
> **엄마:** 그래서 마음이 급했구나. 그럼 알려주고 바로 정리해줄 수 있겠니?
>
> **아이:** 네, 엄마.
>
> **엄마:** 고맙다. 건우야, 덕분에 엄마가 좀 쉴 수 있겠어.

부모의 욕구와 아이의 욕구는 모두 소중하다. 부모의 욕구와 아이의 욕구가 다를 때는 "어떻게 하면 민주가 원하는 것과 엄마가 원하는 것을 모두 만족할 수 있을까? 민주는 어떻게 생각해?"와 같이 대화를 나눠볼 수도 있다. 아이에게 욕구를 무시당하는 상황에 맞닥뜨리면 부모도 당연히 욕구가 좌절되어 화가 날 수 있다. 그러나 미숙한 우리 아이보다는 부모인 내가 감정 조절에 더 능하다는 것을 기억하고 조금만 여유를 갖자. 아이는 부모와의 대화를 통해 욕구를 올바르게 표현하는 방법을 익힐 수 있을 것이다.

알아두면 아이와의 소통이 더 쉬워지는 욕구와 감정들

대표적인 욕구 목록 [**]

자율성에 대한 욕구	삶의 의미를 찾으려는 욕구
자신이 원하는 것을 선택할 수 있는 자유에 대한 욕구	기여하기, 능력 발휘하기, 참여하기, 나의 주관 갖기 등에 대한 욕구
신체적 욕구	평화에 대한 욕구
안전함, 따뜻함, 신체적 접촉(스킨십), 보호받음, 애착 형성 등의 욕구	여유로움, 평등한 대우, 조화로움 등에 대한 욕구
사회적, 정서적 욕구	자신을 표현하고자 하는 욕구
친밀한 관계, 소속감, 가까움, 공감, 이해, 지지 등의 욕구	배우기, 생산하기, 창조하기, 가르치기, 자기 표현하기, 성장하기 등에 대한 욕구
놀이, 재미에 대한 욕구	나의 존재에 가까워지고자 하는 욕구
즐거움, 재미, 유머, 흥분 등에 대한 욕구	개성, 자기 존중, 비전, 꿈 등에 대한 욕구

대표적인 감정 목록 [***]

욕구가 충족되었을 때 느껴지는 감정	욕구가 충족되지 못할 때 느껴지는 감정
감동받은, 고마운, 즐거운, 따뜻한, 뿌듯한, 편안한, 누그러지는, 평화로운, 흥미로운, 활기찬, 용기 나는, 두근거리는 등	걱정되는, 무서운, 불안한, 불편한, 슬픈, 서운한, 외로운, 우울한, 피곤한, 혐오스러운, 혼란스러운, 화가 나는, 속상한 등

1-4

부모의 화, 적절하게 표현해야 한다

"엄마가 지금은 대화할 마음 상태가 아니구나"

교사가 되고 나서 감정적으로 힘들었던 시간을 거쳤다. 아이들이 서로 다툴 때나 규칙을 어길 때, 책임을 회피할 때 등 예상치 못한 상황을 만날 때 내 감정은 요동쳤다. 화가 나지만 아이들에게 화를 낼 수는 없기에 혼자 감정을 삭였다. 해소되지 못한 부정적 감정의 화살은 나를 향한 자책으로 이어졌다. '내가 지금 아이들을 가르치면서 뭐 하는 거지? 왜 이 정도로 지치고 화가 나지? 난 좋은 교사가 아닌 걸까?' 이후 학부모 상담을 하며 부모 또한 감정 조절에 어려움을 느낀다는 것을 알게 되었다. 나처럼 죄책감을 가지고 있는 경우도 많았다. 아이를 향한 화의 원인을 알고 감정을 해소하는 것은 부모에게 매우 중요한 과제이다.

엄마: 얼른 양치해. 벌써 10시야.　　　　　　　　　　　　✦

아이: (장난감을 갖고 소파에 누우며) 네.

엄마: 양치하라고 했다.

아이: (여전히 소파에 누운 채로) 네.

엄마: 너 지금 엄마 말이 말 같지 않아? 대답만 '네, 네' 하면서 뭐 하
　　　는 거야 지금? 당장 안 일어나?

아이: (혼잣말로 중얼거리며) 금방 일어나려고 했는데… 엄마는 너무
　　　급해.

　아이를 씻기고 잠을 재우고 나서야 부모의 휴식 시간이 시작된
다. 아이를 보살펴야 한다는 책임감에서 벗어나야 진정으로 쉴 수
있기 때문이다. 부모의 마음은 급한데 아이가 도무지 움직이지를
않을 땐 화가 난다. 처음엔 좋게 말하려고 했으나 아이는 좋게 말
하면 귀담아듣질 않는 것 같다. 재촉하고 경고를 해야 행동을 하
니 감정이 소모되어도 화를 내게 된다. 이런 경험이 쌓이다 보면
아이의 작은 태도에도 욱하고 화를 내는 자신을 발견한다.

　보통 '화'라는 감정이 올라오면 우리는 '화'의 원인을 외부에서
찾는다. '너 때문에', '이 일 때문에', '이 말 때문에' 등 '~때문에'라
고 생각하며 탓하게 된다. 하지만 자세히 들여다보면 '화'라는 감정
은 남 때문이 아닌, 자신의 욕구가 좌절되는 데서 시작된다.

　위 대화 속 엄마는 어떤 욕구가 좌절되어 화가 났을까? 자신의
말에 아랑곳하지 않고 누워 있는 아이를 보며 엄마는 존중받지 못

한다고 느꼈다. 여러 번 말을 했음에도 들은 체 만 체하는 아이가 자신을 무시한다고 느꼈다. 존중에 대한 욕구가 좌절된 것이다. 또한 밤까지 일하고 살림을 하며 휴식에 대한 욕구도 있었다. 여러 욕구가 복합적으로 좌절된 상황이다. 당연히 화가 날 수밖에 없다.

원인이 되는 욕구를 이해하고 화를 잘 다루게 되면 훨씬 나은 대화를 할 수 있다. 화를 억지로 참거나 남 탓을 하는 건 좋은 방법이 아니다. 무엇 때문에 '나'의 욕구가 좌절되었는지 살펴보는 게 먼저이다.

> '난 지금 쉬지 못해 화를 느끼고 있어.'
> '난 씻지 않은 아이가 병에 걸릴까 봐 걱정되어 화가 나고 있어.'
> '난 출근을 일찍 해야 한다는 중압감이 있어서 느린 아이를 챙기는 게 힘들어.'

한 발짝 떨어져서 내 감정을 바라보면 이렇게 화의 원인을 찾을 수 있다. 화의 원인을 '아이'에서 '나의 내면'으로 돌리는 것이 화를 다스리는 대화의 출발점이다.

우리의 감정은 신체의 상태에 따라 영향을 받기도 한다. 1974년 캐나다의 심리학자인 더튼D. G. Dutton과 아론A. P. Aron은 실험을 통해 이를 입증했다. 실험에 참가한 남성들은 안전한 상황보다 흔들리는 다리 위에서 긴장 상태로 이성을 만날 때 상대방에게 관심을 더 가졌다. 흔들리는 다리 위에서 긴장해 심장이 두근거리는 것을 상대에 의한 것이라 착각한 것이다. '어, 심장이 두근거리네? 내가 저 사람에게 호감이 있구나'라고 착각을 했다. 이것을 '흔들다리 효과Suspension Bridge Effect'라고 한다.

일상에서도 신체의 컨디션이 감정에 영향을 미치는 일은 흔하다. 회사에서 잔뜩 스트레스를 받고 지친 아빠와 가족의 대화를 살펴보자.

아빠: (거실에 어질러진 장난감을 보며) 이게 무슨 난장판이야! 김수혁! 당장 정리해!

엄마: 여보, 오자마자 왜 화를 내요. 정리시킬게요. 그만 해요.

아이: (잔뜩 긴장해 장난감을 담기 시작한다.)

아빠: 어휴, 정리도 제때제때 못하고. 집 좀 깨끗하게 해놔!

엄마: 종일 애 돌보고, 집안일 했는데 이거 하나 갖고 그래요? 왜 그래요, 진짜?

아빠: 사람이 피곤하잖아. 집이 좀 깨끗해야 할 것 아니야!

아빠는 회사에서 스트레스를 받아 피곤해진 상태를 어질러진 거실 때문인 것으로 착각했다. 부모의 컨디션이 좋지 않은 상태에서 아이의 잘못을 마주하게 되면 더 화가 난다. 만약 흔들다리 효과 때문에 가족에게 화를 냈다면 사과하는 것이 옳다. 마음을 가라앉히고 이렇게 말해보자. "갑자기 화부터 내서 정말 미안해. 사실 회사 일 때문에 아빠 컨디션이 좋지 않았어. 너 때문에 화난 게 아니었는데 아빠가 심했어."

순간 욱 치밀어 오르는 화를 가라앉히고 말하는 건 정말 쉽지 않다. 분노의 감정에 빠져 아이에게 상처를 주지는 말아야겠다. 화가 오를 땐 잠시 크게 심호흡을 해보자. 일반적으로 화가 치밀면 호흡이 가빠진다. 가빠진 숨은 더욱 감정을 악화시킨다. 잠시 심호흡하며 숨을 크게 내뱉는 순간 화도 조금 누그러진다. 분노에 찬 나에게 잠시 호흡으로 여유를 준 상태에서 대화를 나누자.

나쁜 부모여서 화가 난 것이 아니다. 부모도 힘들었던 하루에 대한 위로가 필요했을 뿐이다. "우리 잠시 후에 얘기하자. 엄마가 지금은 대화할 마음 상태가 아니네." 잠시 멈춘 후 감정을 해소하는 여유를 스스로에게 주어야 한다.

심리학 용어 중 '기대치 위반 효과Expectancy Violation Effect'라는 말이 있다. 말 그대로 기대와 다른 행동이 나타날 때 생기는 효과이다. 난 우리 가족과의 일상에서도 이 효과를 체험한다. 독립한 이후로 나는 거의 매일 엄마에게 전화하는 편이다. 어쩌다 내가 연락을 하지 않거나 전화를 받지 않으면 엄마는 크게 걱정하고 화를 낸다. 반면 독립하고 평소 연락이 없던 동생이 오랜만에 연락하면 엄마는 감동한다. 이처럼 기대치가 낮은 상황에서는 조금만 자극을 주어도 크게 와닿는다.

늘 화내며 말하는 부모가 또 화를 내면 아이는 그러려니 한다. 그런데 평소엔 화를 잘 내지 않던 부모가 엄하게 이야기를 하면 아이는 중요한 메시지로 받아들인다. 매일같이 화내는 것을 멈춰야 할 이유이다.

매일 화를 낼 수밖에 없던 상황을 어떻게 변화시킬 수 있을까? 부모를 화나게 하는 일들을 찾고 어떤 상황에서 화가 나는지 알아차리면 도움이 된다. 예를 들면, 아무리 내가 말해도 아이가 변하지 않는 것 같은 경우를 말한다. 보통 부모도 아이로부터 '무시당한다'라는 느낌을 받으면 화가 난다. 여러 번 부탁했는데도 상대방이 들어주지 않을 때 무시당한다는 생각이 드는 것이다. 반복해서 가르치는데도 바뀌지 않는 아이를 보면 "도대체 몇 번을 말했어!"라는 말이 절로 나온다.

여기서 잠깐 생각해보자. '과연 아이가 나의 요구를 이해하고 들어줄 만큼 성장한 상태인가.' 학교에서 종일 아이들과 지내다 보면 같은 말을 수도 없이 반복하게 된다. 수업 시간에 무엇을 꺼내라고 안내했을 때, 한 번만 말해서 전원이 꺼내는 일은 기적과 같다. 초임 시절엔 같은 말을 반복하는 일에 쉽게 지쳤다.

지금은 주의를 집중시키고 수차례 안내를 해도 더는 화가 나지 않는다. 아이들의 특성을 알기 때문이다. 아이들은 자기가 좋아하는 일에 집중할 때 다른 사람의 말을 잘 듣지 못한다. 쉬는 시간이 끝나고 수업이 시작되기 전 주의집중 박수를 치는 것도 이 때문이다. 혹시 반복해서 나를 분노하게 하는 아이의 행동이 있다면 나의 기대가 너무 높은 것은 아닌지 생각해보자.

늘 화내던 패턴을 변화시키기 위해 감정을 해소하는 것도 중요하다. 가까운 가족에게 공감받는 것은 감정 해소에 큰 도움이 된다. 공감을 받으려면 "오늘 내가 얼마나 힘들었는지 알아?"라고 말하는 건 피해야 한다. 내 상황을 상대에게 있는 그대로 전달하는 게 좋다.

> "오늘 아이가 그만하라고 했는데도 동생을 때려서 정말 당황스러웠어. 계속 말리고 대화를 나누는데 얼마나 속이 타던지."
> "친구들은 카페도 가고 공원도 가던데, 난 아이들한테 발이 묶여 온종일 집에 있으니 속상했어."

말을 하면서 스스로 자신의 감정을 이해하게 되고 상대방도 내 어려움을 이해할 수 있게 된다. 꾹꾹 참고 있지 말자. 감정을 비워야 마음이 회복되고 건강한 마음으로 아이와 마주할 수 있다.

부모 노릇 하기가 참 쉽지 않다. 많은 부모가 화를 억누른다. 참다가 한 번 욱하면 자책을 하기도 한다. 사소한 것에도 폭발해 늘 화를 내는 자신을 보며 후회도 한다. 소중한 나의 욕구가 좌절되면 당연히 화가 난다는 것을 이해하자. 나의 힘든 일상이 아이의 잘못과 만나 화로 표출된 것은 아닌지, 아이에게 무리한 기대를 하면서 화가 났던 건 아닌지 생각해보자.

나의 감정을 솔직하게 주변에 털어놓고 공감과 이해를 구하길 바란다. 주변에서 공감해주거나 도움을 주지 않아도 괜찮다. 말로 표현하면서 내가 나를 이해하게 되는 것만으로도 감정 조절에 도움이 되기 때문이다. 당신의 감정은 소중하다. 화를 표출할 길을 만들어두자.

부모의 감정도 소중하므로 이렇게 표현해주세요

나의 컨디션이 좋지 않아 더 예민하고 화가 날 땐

- "우리 잠시 후에 대화 나누자. 엄마가 지금은 대화할 마음 상태가 아니네."

욱하는 마음에 화부터 냈을 땐

- "갑자기 화부터 내서 정말 미안해. 회사 일 때문에 아빠 컨디션이 좋지 않았어. 너 때문에 화난 게 아니었는데 아빠가 심했어."

공감받고 싶을 땐 힘들었던 상황을 그대로 말해주세요

- "오늘 내가 얼마나 힘들었는지 알아?" (×)
- "아이가 시장에서 갑자기 떼를 쓰는데 얼마나 당황스럽던지. 진짜 힘들었어." (○)

위킹맘을 위한 하루 10분 대화법

"내일 입고 갈 옷을 미리 정해두자"

2019년에 발표한 〈한국 위킹맘 보고서〉에 따르면, 위킹 맘의 대부분이 자녀의 학비 마련 등을 위해 투자나 저축을 하고 있다고 한다.* 부모 부양에 대해 책임감을 느끼는 비율도 높다. 위킹맘들은 위로는 부모님, 아래로는 자녀들을 책임지기 위해 부단히 노력한다. 가정을 위해 최선을 다하고 있음에도 죄책감에서는 자유롭지 못하다. 자녀를 챙기지 못하는 상황, 자녀가 아픈 상황 등이 생길 때 위킹맘이 전업맘보다 더 큰 죄책감을 느낀다. 이제는 무거운 죄책감을 내려놓자. 아이와 함께하는 시간이 짧아도 양질의 대화를 나눈다면 아이는 분명 잘 자랄 수 있다. 아침과 밤 시간을 활용하면 충분히 가능하다.

엄마: 뭐해? 이러다 엄마까지 늦겠다. 빨리 일어나! ✦

아이: 네. (천천히 욕실로 향한다. 칫솔을 꺼내 들고는 한참 동안 양치를 한다.)

엄마: 좀 더 빨리해. 거울 보면서 뭘 그렇게 꾸물거려.

아이: (한숨을 쉬며) 네.

엄마: 빨리 가서 옷 입고 밥 먹어.

아이: 엄마, 근데 흰 티는 어디에 있어요? 오늘 흰 티 입으랬는데….

엄마: 너는 그걸 이제 말하면 어떡하니!

워킹맘에게 아침 시간은 전쟁이다. 아이가 어리다면 더욱 분주하다. 엄마 마음은 급한데 아이는 잠에 취해 일어날 생각을 않는다. 이때 우리는 쉽게 짜증을 낸다. "너 이러다 지각한다!", "지각해봐야 정신 차리지!", "그만 꾸물거리고 일어나. 당장!" 아침에 잠을 깨우는 게 너무 힘들어 아이에게 거친 말을 하게 된다면 방법을 바꿔보자. 이왕 말할 거라면 아이에게 힘이 되는 말로 바꾸는 것이다. 말을 하면서 아이를 꼭 안아주거나 가벼운 마사지를 하면 엄마와 자녀 사이에 행복감을 더 크게 공유할 수 있다.

"우리 집 복덩어리 일어나세요."

"행복한 하루가 시작하네."

"우리 아들 밤새 더 자란 것 같다."

"오늘을 최고의 날로 보내자."

"사랑하는 딸, 스스로 잘 일어날 수 있을 거야."

아침엔 밥을 먹고, 씻고, 옷을 입으며 준비를 한다. 이 과정에서도 갖은 잡음이 생긴다. 아이를 혼내지 않고 효율적으로 아침 시간을 보내려면 전날 밤이 중요하다. 가족의 스케줄을 전날 밤 미리 알려주고 시간 약속을 정한다. 아이가 직접 골라야 하는 옷과 소지품은 미리 선택권을 준다. 아이가 어려 시계를 볼 줄 모른다면 시곗바늘의 위치를 이용해 설명하면 된다. 아이가 스스로 준비 시간을 계산하고 일어날 계획을 세우도록 이끌어주자.

준비 시간 예고하기 "내일 8시에 출발해야 해. 7시 50분이 되면 식사를 마치고 일어날 거야. 그전까지 밥을 다 먹는 거야."

미리 선택할 기회 주기 "내일은 어떤 옷을 입고 싶어? 미리 소파에 올려놓자. 신발도 골라서 신발장에 두렴."

스스로 시간 계획하기 "소율이가 9시까지 씻고 밥 먹으려면 몇 시쯤 일어나면 좋을까? 시간을 정해보렴."

형제들이 아침에 싸운 경우, 부모에게 중요한 질문을 하는 경우, 학교에서 있었던 일을 털어놓는 경우 등 함께 대화를 나눠야 하는 상황이 생길 수도 있다. 대부분은 아침 시간이 대단히 바빠서 차분히 대화를 나누기 어려울 것이다. 이럴 때는 "바쁘니까 나중에 얘기해"라고 단칼에 거절하는 것보다, 대화를 나누고 싶지만 어쩔 수 없는 상황임을 짚어주는 게 좋다.

"현수 이야기를 자세히 듣고 싶은데, 엄마가 매우 바빠서 지금은 대화하기 어려울 것 같아. 대신 저녁에 꼭 다시 이야기 나누자."

저녁에는 아이와의 약속을 꼭 지켜 대화를 나눠야 한다. 아이는 자신의 이야기를 경청하고 대화 나누기를 원하는 부모의 모습에 사랑을 느낀다.

밤 시간은 온종일 수고한 나와 내 아이를 힐링할 최고의 시간이다. 따뜻한 가족의 품에서 위로받고 힘을 얻는 대화가 필요하다. 대화를 시작할 때는 아이가 쉽게 말문을 열 수 있도록 부모의 일과를 아이 수준에 맞게 말해주는 게 좋다. 하루 동안 힘들었던 일, 좋았던 일, 감사한 일 등을 먼저 이야기하자. 아이가 평소 말이 없는 경우 질문의 범위가 넓으면 단답형으로 대화가 멈출 수 있다. 아이가 대답을 어려워하면 생각나는 걸 말할 수 있도록 질문을 던지면 된다.

단답형으로 대화가 끝나는 경우

엄마: 아들, 오늘 하루 어땠어?

아이: 재밌었어.

엄마: 그랬구나.

엄마: 엄마는 오늘 아침에 너무 피곤해서 출근하기가 싫더라. ✦
그런데 일찍 도착해 동료들과 차 마시면서 얘기를 나누니 기분
이 좋아지더라고. 아들은 학교 갈 때 기분 어땠어?

아이: 어제 늦게 자서 그런지 좀 피곤했어요.

엄마: 그랬구나. 수업 듣는데 힘들지는 않았고?

아이: 네, 괜찮았어요. 미술 시간엔 친구들하고 만들기를 했는데 우
리 모둠에서 만든 게 제일 멋있었어요.

엄마: 우리 아들 열심히 했나 보구나. 뿌듯했겠네. 엄마도 아들 작품
보고 싶다.

아이: 내일 사진 찍어 올게요.

엄마: 좋은 생각이다. 고마워.

하루 동안 아이가 잘한 일에 대해 다시 한번 칭찬해주는 것도
좋다. 아이가 잘한 일을 배우자와도 공유해 충분히 칭찬받게 해
주자.

"오늘 민석이가 엄마 장바구니 드는 걸 도와줬잖아. 엄마 감동받았
어. 정말 고마워."

"동생이 칭얼거릴 때 토닥토닥 달래줬잖아. 엄마는 그 모습을 보니
참 기특했어."

"숙제를 모두 다 해냈다고? 성실한 모습을 보니 참 기분이 좋다."

특별히 칭찬할 내용이 생각나지 않을 땐 아이의 존재 자체에 대한 사랑을 충분히 표현해주자.

> "너는 정말 사랑스러운 아이야."
> "엄마는 네 생각을 하면 회사에서도 힘이 나."
> "우리 딸은 웃는 모습이 어쩜 이리 예쁠까."

"숙제는 다 했니?", "가방에 준비물은 잘 챙겼니?", "영양제는 먹었니?" 등 아이가 꼭 해야 할 일을 점검하는 대화도 필요하다. 그러나 일상 속 과제들을 처리해나가는 식의 질문만 하게 되면 아이는 엄마의 사랑을 느낄 기회가 없다. 위로의 대화, 공감의 대화, 칭찬과 격려의 대화가 오가야 한다. 마음이 통하는 대화를 해야 아이는 진심으로 엄마가 나에게 관심이 있다고 느끼게 된다. 단 10분도 괜찮다. 종일 아이와 시간을 함께하지 못하더라도 우리 아이에게 충분한 사랑을 전달할 수 있다.

로에스 미우센과 콜레트 반 라르 박사가 발표한 연구 결과에 따르면, 완벽한 부모가 되어야 한다는 압박감을 가진 엄마일수록 쉽게 소진되며 일과 가정 사이의 균형도 점점 깨어진다고 한다.[**] 심적 부담감은 우리를 쉽게 지치게 하기 때문이다.

학부모 상담을 할 때도 직장 생활을 하면서 아이를 잘 챙기지 못해 죄송하다는 말을 종종 듣곤 한다. 아이는 잘 자라고 있는데도 자녀를 향해 짠한 마음과 죄책감을 표현한다. 일과 가정 사이에서 균형을 잡기 위해서라도 엄마는 죄책감과 압박감을 내려놓아야 한다.

엄마들에게 압박감이 생기는 이유는 엄마 개인의 성향 문제만은 아니다. 소셜 미디어와 각종 미디어의 발달로 좋은 엄마에 대한 기준이 매우 높아졌다. '엄마표 수학', '엄마표 영어', '엄마표 자기주도학습' 등 각종 '엄마표'가 붙은 교육 방법이 많다. 가정에서 아이와 '엄마표' 학습을 할 수 없는 엄마라면 더욱 큰 미안함을 느낀다. 사회에서 기대하는 이상적인 엄마상이 엄마 자신도 모르는 사이에 내면화되어 스스로를 판단하는 기준이 되는 것이다.

엄마도 엄마가 처음이다. 부모는 사랑하는 아이와 함께 시행착오를 겪으며 성장해나간다. 이 과정을 겪으며 부모 자신에 대해서도 발견하고, 내 아이에게 필요한 것이 무엇인지도 알게 된다. 다른 사람과 비슷하게 행동해야 한다는 '동조압력'은 누구나 느낄 수 있다. 그러나 내 아이를 가장 잘 아는 사람은 아이 엄마인 '나'다. 남들처럼 해야 한다는 압박감에서 벗어나자. 시행착오를 겪더라도 내 아이에게 가장 소중한 단 한 사람은 '나'다. 지속적으로 학대하고 방치하는 것이 아닌 이상 내 아이는 잘 자랄 수 있다.

직장 동료가 실수를 하면 "수고했어. 그럴 수 있어, 괜찮아"라고 격려해준다. 처음 만나는 거리의 행인이 넘어져도 "괜찮으세요?" 하며 도와준다. 엄마 자신에게도 이러한 격려와 위로가 필요하다. 혹시 내 아이에게 남들과 다른 부분이 있다면 엄마가 직장에 다녀서 그런 게 아니다. 아이를 둘러싼 환경과 경험, 셀 수 없이 많은 요소에 의해 나타난 결과일 뿐이다. 그러니 스스로에게 힘을 주자.

'난 내가 할 수 있는 최선을 다하고 있어.'
'난 우리 아이에게 충분히 좋은 엄마야.'
'직장에서도 가정에서도 수고하는 나. 정말 기특하다!"

내 아이는 잘 자랄 수 있다. 낮 시간에는 아이를 믿고 직장에서 집중하자. 가정에서 아이와 보내는 시간이 짧아도 양질의 대화를 나누면 아이에게는 사랑이 충분히 전달된다. 아이에게 오롯이 집중하는 10분의 시간을 가지면 된다. 꼭 가르쳐야 할 것들도 이 시간을 통해 전달할 수 있다. 시행착오가 좀 있더라도 아이와 함께 성장하면 된다. 완벽한 엄마가 되어야 한다는 죄책감과 압박감을 내려놓자. 더 나은 엄마가 되기 위해 이 책을 읽고 있는 당신, 이미 훌륭한 엄마이다.

밤 시간과 아침 시간을 활용해보세요

밤 시간

① 다음 날을 미리 준비하도록 도와주세요
　"내일은 8시에 출발할 거야. 무슨 옷 입고 갈지 미리 정해두자."
② 아이에게 구체적인 질문을 하면 대화를 이어갈 수 있어요
　"오늘 미술 시간엔 뭘 만들었어?"
　"친구들하고 먹은 간식 중에 뭐가 제일 맛있었어?"
③ 칭찬과 사랑의 표현을 들려주세요
　"아까 스스로 정리하는 모습 정말 멋졌어."
　"어쩜 이렇게 사랑스러울까."

아침 시간

① 기분 좋은 말로 깨워주세요
　"우리 집 복덩어리 일어나세요."
　"행복한 하루가 시작하네."
　"우리 아들 밤새 더 자란 것 같다."
　"오늘을 최고의 날로 보내자."
　"사랑하는 딸, 스스로 잘 일어날 수 있을 거야."
② 엄마의 바쁜 마음을 짜증 대신 말로 설명해주세요
　"네 이야기가 자세히 듣고 싶은데 엄마가 너무 바빠서 지금은 대화하기 어려울 것
　같아. 대신 저녁에 꼭 다시 이야기 나누자. 지금은 밥 먹는 데 집중!"

2장

아이와 관계가
좋아지는 부모의 말

아이를 무작정 비난하기보다는 아이의 감정을 받아주고,
아이가 나아가야 할 방향에 대해 안내해주세요.
"많이 화가 났었지? 다음엔 동생에게
'네가 내 물건을 가져가서 화가 났어. 돌려줘'라고 말하면 된단다."

∨∨∨∨∨∨∨∨∨∨∨∨∨∨∨∨∨

판단하고 화내기 전에, 아이의 행동을 있는 그대로 말해주세요.
부모가 느낀 감정을 솔직하게 표현하고
아이에게 바라는 부분을 전해주세요.
아이도 부모의 감정에 대한 배움이 필요합니다.
"네가 통화가 안 되어서(관찰)
정말 가슴이 철렁하고 걱정했어. (감정)
엄마와의 시간 약속을 소중하게 생각해주면 좋겠다. (욕구, 부탁)"

2-1

긍정적 메시지는 힘이 세다

"괜찮아. 아빠도 실수해. 이제부터 조심하면 돼"

어린 시절 들었던 부정적인 평가가 성인이 되어서도 기억에 남아 있던 경험이 있는가. 잊으려고 애쓰지만 비슷한 상황에 맞닥뜨리면 머릿속에 그 말이 맴돈다.

부정적인 말에는 힘이 있어서 아주 오래도록 영향을 준다. 자녀에게는 좋은 말만 해주고 싶지만, 현실에서는 부정적인 말이 툭툭 튀어나온다. 아이가 스스로에 대해 긍정적인 이미지를 갖고 살도록 도와주려면 어떻게 해야 할까. 아이를 향한 믿음을 갖고 끊임없이 긍정적인 메시지를 전달하면 된다. 긍정적인 메시지로 실제 아이의 행동에 변화를 일으킬 수 있다.

초임 교사 시절 우리 반에는 '~하면 안 된다'라는 규칙들이 대부분이었다. '복도에서 뛰지 않기', '수업 시간에 떠들지 않기', '친구에게 욕하지 않기' 등. 모든 규칙은 아이들의 안전한 학교생활을 위해서 마련한 것이지만 어느 순간 깨달았다. 규칙을 자주 어기는 몇몇 아이들과는 계속해서 "왜 그랬어?"로 시작하는 부정적인 말을 주고받고 있다는 것을.

현재 우리 반에는 '~하지 않기' 대신 '~하기'라는 규칙들이 있다. '복도에서 천천히 걷기', '수업 시간엔 집중하기', '친구들과 고운 말로 대화하기' 등. 교사로서 느끼기에 지금의 학급이 과거보다 훨씬 안전하고 따뜻하다. 부모 자녀 사이에도 긍정적인 방향으로 말이 변하면 관계를 개선할 수 있다.

심리학자 조너선 판 트리트는 말에 대한 실험을 했다.[*] 실험에서 참가자를 두 그룹으로 나누고 각 팀에 다른 문장을 제공했다. 한 팀은 긍정어를 사용한 문장, 다른 팀은 부정어를 사용한 문장을 읽었다.

긍정어를 사용한 문장 vs 부정어를 사용한 문장

○ 긍정어를 사용한 문장: 충분히 운동을 하면 근력이 생기고 ✦ 오래 살 수 있습니다.

● 부정어를 사용한 문장: 충분히 운동하지 않으면 근력이 떨어지고 일찍 죽습니다.

두 문장 모두 운동의 중요성을 강조하는 내용이다. 실험 결과는 어땠을까? 긍정어 문장을 사용할 때 받아들일 가능성이 훨씬 큰 것으로 나타났다. 긍정적인 표현일수록 사람들을 움직이게 하는 힘이 크다는 것을 의미한다.

자녀와의 대화에도 이를 적용할 수 있다. '~하면 ~가 좋아진단다'와 같이 긍정적인 이미지를 떠올릴 수 있는 단어를 선택해 말하면 된다. 부모도 사람인지라 모든 순간 긍정적인 단어만 쓰기는 어렵다. 말의 힘을 인지하고 꾸준히 연습하면 된다. 연습을 통해 긍정적으로 말하는 비율을 높일 수 있다. 일상에서는 이렇게 적용해보자.

"네 물건도 못 치우고 커서 뭐가 될래?" → "자기 물건은 스스로 정리해야 한단다."
"계속 양치 안 하면 충치 생긴다!" → "양치를 스스로 하는 깨끗한 아이가 되어보자."
"거긴 위험해서 가면 안 된다고 했잖아!" → "안전한 곳에서 놀아야 한단다."

"셋 셀 동안 안 하면 혼날 줄 알아! 하나, 둘, 셋!"과 같은 경고성 말투는 순간적으로 아이의 행동을 바꾼다. 우리는 이를 효율적으로 느끼기도 한다. 하지만 자녀가 독촉과 경고로만 움직이게 되면 바른 행동을 배우기 어렵다.

자녀에게 '하지 마라'라고 하는 상황을 살펴보자. 안전하게 놀고, 건강하게 생활하고, 꼭 해야 할 일들을 스스로 해야 하는 등의 상황이다. 무엇이 안전한 행동이고, 건강한 행동이고, 바른 행동인지 계속 말해야 자녀에게 각인이 된다. 경고만으로는 바른 행동을 배우기 어렵다. 부모가 경고하지 않을 때도 스스로 올바른 행동을 선택하도록 '~해야 한단다'라는 말투를 써보자.

무기력증에 깊이 빠진 아이를 맡은 적이 있었다. 주변 정리는 말할 것도 없고, 가방을 책상 고리에 걸어 놓는 것조차 힘겨워했다. '어떻게 하면 이 아이가 조금이라도 힘을 얻을까'를 고민하는 날들이 이어졌다. 아이가 내면에 힘이 없으니 교우관계, 생활습관, 수업 태도 등 어느 하나 제대로 할 수 없었다. 분명 아이는 깊이 좌절했던 경험이 있을 것이다. 아이를 회복시키려면 긍정적인 메시지가 필요하다고 판단했다. 긍정적인 말을 해줄 기회를 포착하려고 아이를 자세히 관찰했다.

바닥에 떨어진 지우개를 주우면 "오늘은 스스로 지우개를 주웠구나, 잘했다"라며 칭찬해주었다. 수업 시간에 스스로 연필이라도 쥐면 "어제는 시작하기가 어려웠는데 오늘은 연필을 쥐었구나! 같이해보자"라고 격려했다. 아주 작고 사소해 보이는 행동에도 긍정적인 말을 꾸준히 해주었다. 1년이라는 시간이 흐르고, 아이는 내 요청에 "네"라고 대답할 수 있는 아이가 되었다. 스스로 자신의 물건을 챙길 수 있을 만큼 성장했다. 아무리 생활에 문제가 있어 보이는 아이라 하더라도 분명 조금씩 성장하는 중이다. 전혀 변화가 없는 것 같지만, 자세히 관찰하면 어제보다 나아진 행동을 한두 가지는 찾을 수 있다.

매일 반복되는 나쁜 습관이나 행동에 초점을 두면 아이는 '난 못난 아이야'라는 느낌을 갖게 된다. 훈육할 땐 하더라도 아이를 향한 부모의 믿음을 전달하기 위해 노력해야 한다. 평소 아이가 어려워하는 부분을 바라보자. 그 부분에 작은 변화가 나타나면 민감하게 알아차리고 말해주자.

> 늘 늦잠 자는 아이 → "오늘은 일찍 일어났구나! 내일도 해볼까?"
> 동생에게 화를 자주 내는 아이 → "이번엔 화내지 않고 설명해주었네! 기특하다."
> 자기 물건을 잘 챙기지 못하는 아이 → "오늘은 스스로 챙겼네! 정말 잘했어. 앞으로도 잘 챙길 수 있을 거야."

물론 오늘 해낸 것을 내일은 못 할 수도 있다. 기복이 있어도 분명히 성장하고 있다는 것을 믿어야 한다. 믿음 속에서 진심 어린 격려가 나온다. 아이는 실수와 실패의 경험을 딛고 성장함을 기억하자. 실수도 따뜻한 눈으로 바라보고 긍정적인 메시지를 전해주어야 한다.

> "다시 한번 해볼까. 연습하면 더 잘할 수 있을 거야."
> "틀려도 괜찮아. 누구나 실수를 하면서 배운단다."
> "괜찮아. 아빠도 실수할 때가 있어. 이제 조심하면 되는 거야."

상담학 사전에 '긍정적 의도Positive Intention'라는 용어가 있다. 사람의 행동 뒤에 긍정적인 소망이 숨겨져 있다는 뜻이다. 아이의 문제 행동도 자세히 살펴보면 숨어 있는 긍정적 의도가 있다. 아이의 긍정적 의도를 알아주면 문제 행동에서 벗어나도록 도울 수 있다. 다음의 사례를 통해 자세히 알아보자.

> **아이:** (떼를 쓰며) 나 할머니랑 같이 안 갈 거라고! 나도 엄마랑 같이 ✦ 갈래! 왜 나만 할머니랑 가? 엄마는 왜 쟤(동생)만 데려가?
> **엄마:** 너 이게 무슨 말버릇이야! 어디 할머니한테 그런 말을 해! 혼나 볼래?
> **아이:** (주저앉아 떼를 쓰며 계속 운다.)
> **엄마:** 어휴, 정말. 어쩔 수 없는 상황이라고 몇 번을 설명해야 알아듣니.
> **아이:** (엄마의 옷자락을 잡으며) 몰라. 난 싫어!
> **엄마:** 엄마도 몰라. 이거 봐. 시간이 다 되어서 출발해야 해.

위 상황에서 아이의 긍정적 의도는 '엄마와 시간을 함께하고 싶다'이다. 엄마와 함께하고 싶은 아이의 의도는 잘못된 게 아니다. 그러나 이 마음을 어떻게 표현해야 할지 몰라 떼를 쓰게 된 것이다. 떼를 쓸 때, 거짓말을 할 때, 동생을 때릴 때, 약속을 어길 때 등 아이는 이 모든 순간에 마음이 편치 않다. 스스로도 잘못된 행동임을 알고 있기 때문이다. 그럼에도 이러한 행동을 하는 데는 아이 나름의 긍정적 의도가 있다. 대화를 통해 아이의 긍정적 의도를 수용해준다면 훨씬 쉽게 문제 행동의 해결점을 찾을 수 있다.

아이: (떼를 쓰며) 나 할머니랑 같이 안 갈 거라고! 나도 엄마랑 같이 ✦
　　　갈래! 왜 나만 할머니랑 가? 엄마는 왜 재(동생)만 데려가?

엄마: 은수도 엄마랑 같이 가고 싶구나. 엄마랑 시간을 보내고 싶을
　　　텐데. 속상하네.

아이: 나도 엄마랑 있고 싶어. 나도 같이 갈래.

엄마: 엄마도 같이 가면 좋겠는데. 지금 서로 가야 하는 방향이 달라
　　　서 어쩔 수 없구나.

아이: 어제도 엄마랑 못 놀고 오늘도 같이 못 가고.

엄마: 엄마도 정말 아쉬워. 대신 오늘 저녁에 우리끼리 산책 다녀올까?

아이: 산책? 음… 알겠어.

엄마: 그래 은수야, 꼭 산책하기로 약속하자. 그런데 앞으론 '엄마 저
　　　도 엄마와 같이 있고 싶어요' 하고 말로 설명을 해줄 수 있겠
　　　어? 떼를 쓰지 않고 말해야 은수 마음이 전달된단다. 할머니께
　　　는 예의 있게 말씀드려야 하지? 할머니께 죄송하다고 말씀드
　　　리자.

'부정성 법칙'이라는 것이 있다. 긍정적인 정보에 집중할 때는 부
정적인 정보도 정확하게 파악할 수 있지만, 부정적인 정보에 중점
을 두면 긍정적인 정보는 제대로 전달되지 않는다는 법칙이다. 말
에도 이 법칙을 똑같이 적용할 수 있다. 아이가 더 나은 행동을 하
길 원한다면 아이의 부정적인 행동에 초점을 맞추지 말자. 아이의
긍정적인 면을 찾고 긍정적인 언어로 대화를 나누는 게 훨씬 효과
적이다. 아이를 믿어주고, 그 믿음을 긍정적인 메시지로 아이에게
전달할 때 아이는 성장의 원동력을 얻을 것이다.

아이에게 행동의 이유를 설명해주세요

비난하는 표현	해야 할 행동에 대한 설명
• "그네 그렇게 타면 위험하다니까!" • "방이 이게 뭐니. 제대로 치워" • "그거 하나 제대로 못 하니?" • "혼자 일어나지도 못하고. 언제 클래?"	• "그네는 바로 앉아서 타는 게 안전하단다." • "방 정리는 매일 스스로 해야 한단다." • "누구나 처음엔 실수해. 다시 해보자." • "정해진 시간에 스스로 일어나도록 연습하자."

공감, 대화가 통하게 만드는 마법

"화가 많이 났구나. 이유를 말해줄 수 있을까?"

2016년 초록우산 어린이재단에서 실시한 설문 결과를 보면 부모 중 72.1%가 '자녀와 공감하는 법'을 가장 배우고 싶다고 답했다. 아이가 긍정적인 감정을 표현할 때는 부모도 공감하고 대화하기 쉽다. 반대로 아이가 격한 감정을 표현할 때는 어떻게 공감해야 할지 고민하는 부모들이 많다.

결론부터 얘기하자면, 긍정적인 감정이든 부정적인 감정이든 감정을 있는 그대로 받아주는 게 중요하다. 부모가 어떤 감정도 수용해준다는 생각이 들면 아이는 자신의 감정을 숨길 필요가 없어진다. 그래야 사춘기가 되고, 나이가 들어서도 부모와 솔직하게 소통할 수 있다.

권수영 교수는 그의 저서 《거울 부모》에서 아이와 감정을 잘 나누는 부모를 '거울 부모'라고 설명한다. '거울 부모'는 아이의 감정을 헤아리며 공감한다.

'거울'의 역할을 떠올려보자. 공감 대화의 첫 시작으로 부모는 아이의 말을 그대로 비춰주는 거울 역할을 하면 된다. 미러링 Mirroring, 거울식 반영법이라고도 한다. 아이가 말한 내용 그 자체를 다시 한번 말함으로써 공감하는 방법이다.

> 엄마: 그때 기분은 어땠어?　　　　　　　　　　　　　✦
> 아이: 엄청 억울하고 창피했어.
> 엄마: 아, 억울하고 창피했구나.

엄마가 부드러운 어조로 자신의 말을 비춰줄 때 아이는 마음이 편안해진다. 엄마가 자신의 말을 진지하게 들어주고 있다는 생각이 들면 일단 안심이 된다. 편안해진 아이는 스스로 어떻게 해야 할지 생각을 시작할 수 있다. 부모가 자신의 마음을 궁금해하고 공감해주는 것만으로도 아이는 만족한다. 당장 부모가 도움을 줄 수 없을지라도 아이는 기다릴 수 있다.

겁나는 마음, 두려운 마음, 슬픈 마음, 속상한 마음, 부끄러운 마음 등 우리가 느끼는 모든 감정은 소중하다. 위 대화처럼 아이가 억울하고 창피했다고 느끼는 그 감정도 인정해줘야 한다. 감정을 인정해주는 가장 쉬운 방법이 미러링이다.

어떤 사람들은 부정적인 감정을 느끼는 것을 약하다고 착각한다. 아이가 강하게 자라나길 바라는 마음에 "그런 생각 하지 마. 그럴 거 없어"라며 힘들어하는 감정 자체를 부정하기도 한다. 아이가 느끼는 감정을 부정하면 아이가 극복하는 데 도움이 되지 않는다. 어떤 감정이든 인정해줘야 아이 스스로 극복할 힘을 기를 수 있다.

> "뭐가 부끄럽니. 해보면 아무것도 아냐." → "부끄러워? 괜찮아. 부끄러울 수도 있지."
> "이게 뭐라고 무섭다고 그래. 하나도 안 무섭네." → "무서워? 무서울 수 있지. 괜찮아."

아이를 가르치려고 부모의 관점에서 훈계하지 말고 있는 그대로 인정해주자. 자신의 감정을 있는 그대로 인정받는 경험이 반복되어야 한다. 인정받는 분위기 속에서 아이는 자신의 속 얘기를 터놓고 말할 수 있다.

간혹 아이가 자신의 감정을 제대로 알아차리지 못하기도 한다. 아이가 말로 감정을 표현하지 못할 땐 "어떤 일이 있었는지 이야기해줄래?"와 같이 부드럽게 질문하면 된다. 아이의 대답을 진지하게 들어주다가 "속상했겠구나", "그래서 화가 났구나"와 같이 아이가 느꼈을 감정을 짚어주자.

(엄마가 식사를 준비했다.)

아이: 엄마는 아빠가 좋아하는 반찬만 만들어.

엄마: 엄마가 언제 아빠가 좋아하는 반찬만 만들었어? 어제는 돈가
　　　스도 해줬잖아.

아이: 오늘은 맛있는 거 하나도 없잖아!

엄마: 몸에 좋은 반찬들도 먹어야 할 것 아니야? 반찬 투정하지 마.

아이: 몰라. 나 안 먹어.

엄마: 안 먹긴 뭘 안 먹어. 기껏 열심히 만들어줬더니. 빨리 먹어!

　　위 대화에서 아이는 자신이 좋아하는 반찬이 없는 밥상을 보며
괜히 서운한 마음이 들었다. 서운한 감정을 제대로 표현할 줄 모르
니 "엄마는 아빠가 좋아하는 반찬만 만들어"와 같이 투정하는 말
을 한다. 사실 엄마가 나를 사랑하고 있다는 것을 확인하고, 서운
함을 덜어내고 싶어서 한 말이다. 말의 속뜻을 생각하지 않고 겉
으로 표현한 것만 들으면 "엄마가 언제 아빠가 좋아하는 반찬만
만들었어?"와 같이 항변하게 된다. 엄마의 말이 사실이더라도 아이
는 사실을 확인하고자 한 말이 아니므로 계속 투정을 부린다. 아
이는 엄마가 자신의 서운한 감정을 읽어주고 엄마의 사랑을 확인
시켜주길 원했던 것이다.

아이: 엄마는 아빠가 좋아하는 반찬만 만들어.

엄마: 엄마가 아빠가 좋아하는 반찬만 만든다는 생각이 들었어?
　　　엄마는 민아 입맛에 맞는 음식도 만들어주고 싶은데.

민아가 좋아하는 반찬이 뭐가 있을까?

아이: 몰라. 엄마는 아빠만 챙기고. 서운해.

엄마: 아빠만 챙기는 것 같아 서운했구나. 민아를 위해서는 어떤 음식 만들어줄까?

아이: 계란찜 해주세요.

엄마: 계란찜이 먹고 싶었구나. 엄마가 저녁엔 꼭 계란찜 해줄게. 약속. 다음엔 먹고 싶은 음식이 있으면 "엄마 이거 만들어주세요"라고 얘기하면 돼. 엄마는 늘 민아에게 좋은 걸 주고 싶거든.

아이들은 자신의 부정적인 감정을 다루는 방법을 잘 모른다. 화가 났을 때 말로 표현할 수 없으니 물건을 던지기도 하고 울음부터 터뜨리기도 한다. 억울한 마음을 견디지 못해 문을 쾅 닫기도 한다. "시끄러워. 그만 울어", "어디서 문을 쾅 닫아"와 같이 아이의 표현 방법을 먼저 지적하면 원인을 찾기가 어려워진다. 감정을 어떻게 처리해야 할지 몰라서 잘못된 방법으로 표현하는 것임을 떠올리자. 우선 감정이 잦아들도록 도움을 준 다음 올바른 표현 방법을 알려주는 게 좋다.

아이: 나 이제 다시는 유태랑 안 놀아! 진짜 걔는 친구도 아니야. ✦

엄마: 왜? 유태랑 싸웠어?

아이: 카드놀이 할 때 나도 끼워달라고 했는데 안 해주잖아!

엄마: 일부러 그런 건 아닐 텐데. 카드놀이 이미 시작해서 못 끼워준 건 아니고?

아이: 아니라고. 걔가 나만 허락 안 해줬어!

엄마: 뭔가 이유가 있었겠지. 네 말을 못 들었을 수도 있고.

아이: 아니라니까! 엄만 아무것도 모르면서.

엄마: 아니, 얘가. 친구랑 무턱대고 싸우지 말고 내일 잘 얘기 나눠봐.

위 대화에서 엄마는 아이가 단짝 친구와 싸우고 관계가 나빠질까 봐 걱정하고 있다. 객관적으로 상황을 판단하기 위해 친구 입장도 이해하려고 한다. 친구들 간에 오해가 생길 수 있다는 것도 자녀에게 가르쳐주었다.

그러나 아이는 엄마가 자신의 마음을 알아주지 않는다고 생각한다. 아이의 마음에 공감해주기 전에 친구의 입장부터 파악하려고 했기 때문이다. 아이 입장에서는 엄마의 말이 자신을 탓하는 것처럼 느껴질 수 있다.

중간에 부모가 개입해 '너 이런 감정이지'라고 섣불리 판단하거나 '그렇게 느끼는 네가 이상한 거야'와 같이 감정을 부정해서는 안 된다. 자신의 감정을 인정받지 못한 아이는 마음의 문을 닫게 되고 속마음을 털어놓기가 어려워진다. 아이의 감정이 격해 있을 때는 상황을 파악하기 전에 먼저 감정에 공감해주는 것이 필요하다. "그래서 화가 났구나", "그런 마음이었구나", "속상할 만했어"와 같이 아이의 감정을 있는 그대로 인정해야 한다.

아이가 온전히 공감받고 있다고 느끼게 되면 다음과 같은 엄마의 질문에 속마음을 열어 보인다.

"네가 왜 그런 말을 하는지 엄마에게 말해줄래?"

"카드놀이에 끼워주지 않아서 화도 나고 속상했어?"

"그랬구나. 엄마에게 더하고 싶은 이야기가 있으면 해도 된단다."

"어떻게 하면 좋을까? 엄마가 도와줄 부분이 있을까?"

"충분히 화날 수 있어. 화도 소중한 감정이야. 그런데 감정을 표현하는 방식이 중요하단다."

공감의 핵심은 상대의 감정을 있는 그대로 받아들이는 것이다. 부모의 공감을 통해 아이는 자신의 감정을 있는 그대로 인정받게 된다. 자신이 느낀 감정을 그대로 인정받는 경험은 아이에게 안도감을 준다. 때론 아이가 자신의 감정을 알아차리지 못해 미운 말을 할 수 있다. 이럴 때도 다그치기 이전에 부드럽게 미러링을 통해 대화하다 보면 아이의 숨겨진 감정이 드러난다. 드러난 감정을 인정해주면 미운 말투를 고쳐줄 기회가 생긴다.

가르치려 들기 전에 아이의 감정부터 들여다보자. 세상에 나쁜 감정은 없다. 모든 감정이 소중하다는 걸 기억하고 아이의 감정을 인정해주자.

감정을 무시하는 말

- "뭘 걱정을 하고 있어. 그냥 한번 해봐."
- "화난다고 쿵쿵거리면서 걷는 거야 지금? 화난다고 이렇게 시끄럽게 할 거야?"
- "그 정도에도 화내면서 네가 무슨 형이야?"

감정을 받아주며 가르치는 말

- "중요한 일이니 걱정될 수 있어. 당연해. 연주를 잘 해내는 상상도 한 번 해볼까?"
- "화가 많이 났나 보구나. 왜 화가 났는지 엄마한테 얘기해줄 수 있을까?"
- "다음엔 동생한테 '네가 내 물건을 가져가서 화가 났어. 돌려줘'라고 말하면 된단다."

아이에게 무언가 말하고 싶을 때

'관찰 → 감정 → 욕구 → 부탁' 4단계로 말하기

아무리 다그치고 혼내도 아이가 바뀌질 않는다며 난 처해하는 학부모의 호소를 들었던 적이 있다. 아이 행동을 바르게 지도하려면 어떻게 말해야 할까?

일방적인 지시와 강요, 명령 등으로 아이를 지도하는 것은 한계가 있다. "너 당장 청소해. 방이 이게 뭐니", "너 이거 제대로 해놓으랬지"와 같이 말하면 아이는 공격받는다는 느낌을 받는다. 그러면 아이는 본능적으로 방어를 한다. 정말 다뤄야 하는 문제는 다루지 못하게 되는 상황이 된다. 아이에게 부모가 원하는 것을 효과적으로 전달하려면 아이가 거부감 없이 부모의 말을 받아들일 수 있는 대화를 해야 한다.

위 대화에서 엄마가 실제로 원하는 것은 무엇일까? 아이가 거
짓말을 하지 않고 끈기 있게 단어 공부를 하는 것이다. 엄마의 말
속에 숨겨진 감정은 아이가 반복적으로 거짓말을 하니 걱정이 된
다는 것이다. 끈기가 없는 아이의 모습을 보는 것도 속상해하고
있다.

그런데 이 대화를 살펴보면 아이를 채근하는 말은 있으나 엄마
의 걱정되고 속상한 감정을 나타내는 말은 드러나 있지 않다. 화
를 내는 엄마의 말에 아이는 방어기제가 발동되고 자신의 잘못을
인정하지 않는다. 아이에게 엄마의 감정과 생각을 잘 전달하려면
어떤 방식으로 대화를 나눠야 할까.

마샬 B. 로젠버그 박사가 제안한 비폭력 대화Nonviolent Communication,
NVC를 참고하자.* 비폭력 대화는 훌륭한 의사소통 모델이다. 학교
에서 아이들에게 의사소통 방법을 가르칠 때도 유용하게 활용하

고 있다. 비폭력 대화의 핵심은 자신이 원하는 것을 정확하게 표현하는 데 있다.

아이에게 부모의 요구를 정확하게 전달하기 위한 1단계는 관찰이다. 아이의 행동을 보고 있는 그대로 표현하는 것이다. 부모의 평가나 판단, 평가를 거치지 않은 아이의 모습 그대로를 말한다.

관찰	필터	판단
아이는 단어를 두 번 썼다. 엄마에게는 열 번 썼다고 말했다.	부모의 경험, 아이가 잘못했던 기억, 아이에 대한 기대감	또 단어 쓰기 싫어서 거짓말을 했다. 하기 싫은 게 생길 때마다 거짓말을 한다.

우리에게는 살아오면서 겪은 경험과 아이에 대한 기대감, 아이가 했던 행동에 대한 데이터들이 차곡차곡 쌓여 있다. 쌓인 데이터를 기준으로 평가와 판단을 내리게 된다. 관찰한 것만 말하는 건 생각보다 쉽지 않다. 자동으로 평가와 판단이 떠오르기 때문이다. 있는 그대로 보고 관찰한 걸 말하려면 부모에게도 연습이 필요하다. 그동안 많은 필터를 거쳐 아이에게 말해왔음을 부모 스스로 인식하는 것이 첫 시작이다.

2단계는 부모의 생각, 느낌, 감정을 전하는 것이다. 아이들은 아직 부모의 감정을 깊이 헤아릴 만큼 성숙한 상태가 아니다. 부모의 숨겨진 감정보다 말투의 느낌이 먼저 전달된다. 부모의 감정을 있는 그대로 정확하게 말해줘야 아이는 이해할 수 있다. 앞의 사례에서 엄마가 느꼈던 감정은 걱정되는 마음과 속상한 마음이다. "엄마는 네가 거짓말을 하니 습관이 될까 봐 걱정되는구나. 속상하기도 하고"와 같이 표현하면 된다.

> "네가 엄마 말을 무시하는 것같이 느껴져서 마음이 안 좋구나."
> "엄마가 좀 외롭고 속상한 마음이 드네."
> "네가 집안일을 도와주니 아주 고맙고 기특하네. 엄마가 참 행복하다."

성인이 된 딸이지만 가끔 몸이 아플 땐 엄마에게 혼이 난다. "제때 밥도 챙겨 먹고 병원도 다녀와야지! 그냥 참으면 어떡하니! 네 몸 네가 챙겨야지!" 난 이것이 사랑의 언어임을 알고 있다. 엄마의 화 이면에 숨겨진 생각, 느낌, 감정을 그대로 헤아릴 수 있을 만큼 성숙했으니 말이다. 사랑해서 걱정되는 엄마의 마음을 아는 나는 "엄마, 얼른 병원 다녀올게요. 걱정 마세요. 사랑해요"라고 대답할 수 있다.

어린 시절의 나였다면 틀림없이 '아픈 건 난데 엄마는 왜 나한테 화를 내. 진짜 서러워'라고 생각했을 것이다. 부정적인 말 속에 숨겨진 사랑은 알아차리기 어렵다. 엄마의 사랑을 있는 그대로 전해주기 위해 부모의 감정을 표현하는 것은 정말 중요하다.

3단계는 아이를 향한 부모의 욕구를 말할 차례이다. 앞서 표현한 부모의 감정과 연결되어 있는 숨은 욕구를 말한다. 부모의 욕구는 부모에게 신체적·정신적으로 필요한 것, 아이가 어떤 모습이 되길 바라는지와 같은 기대감, 꼭 따르기 원하는 부모의 가치관 등을 의미한다.

부모에게 필요한 것 "엄마는 좀 쉬고 싶단다."
부모의 가치관 "아빠는 네가 힘든 친구들을 잘 도와주면 좋겠어."
아이에 대한 기대감 "엄마는 네가 동생과 사이좋게 지내면 정말 좋겠어."

4단계는 부탁이다. 아이가 어떻게 하기를 바라는지 정확하게 부탁해야 한다. "아까 읽었던 동화책들을 책꽂이에 잘 꽂아줄 수 있겠니?"와 같이 구체적으로 해야 할 것을 부탁하면 된다. 부탁할 때 주의할 점은 아이가 실천할 수 있는 내용을 말해야 한다. 부탁하는 내용의 범위가 너무 넓으면 아이는 '뭘 해야 하는 거지?'라는 의문이 든다.

"청소 좀 도우랬지?" → "바닥에 있는 물건들은 테이블 위로 올려줄래?"
"예의 바르게 말하랬지?" → "'아닌데요' 대신 '저는 이렇게 생각해요'라고 말하면 좋겠다."
"미리미리 준비하라고 했지?" → "전날 밤에 미리 가방을 챙겨놓으면 좋겠구나."

부모의 부탁에 대한 대안이 여럿일 수도 있다. 이럴 땐 어떻게 하면 좋을지 아이의 생각을 물어보자. "집을 깨끗하게 정리하려면 무엇부터 같이 해보면 좋을까?"와 같이 질문을 하면 아이 스스로 생각하고 선택할 기회가 생긴다. 부모의 부탁이 대단히 어렵게 느껴지거나 이해가 잘되지 않을 땐 아이가 부탁을 거절할 수도 있다. 아이가 부모의 부탁을 거절했다면 이유를 들어봐야 한다. 아이만의 이유가 있을 것이다. 부모도 아이의 감정을 이해하고 대안을 조율하는 과정이 필요하다.

'관찰 → 감정 → 욕구 → 부탁' 네 단계를 간단히 살펴보았다. 이제 이를 아이가 거짓말을 한 앞선 상황에 적용해보자.

> **관찰** "단어를 두 번 쓰고, 열 번 썼다고 말했구나."
> **감정** "거짓말하는 게 습관이 될까 걱정도 되고, 속상하구나."
> **욕구** "엄마는 네가 정직한 아이가 되면 좋겠어."
> **부탁** "다음부터는 거짓말하지 않고 솔직하게 말해줄 수 있겠니?"

만약 자녀가 타인에게 피해가 되는 행동을 한다면 어떻게 말해야 할까? 다른 사람에게 미치는 영향을 말해주면 도움이 된다. 아이는 자신의 행동이 가져올 결과를 예측하는 게 어려울 수 있다. 이땐 자신의 행동이 자신과 타인에게 어떤 영향을 미쳤는지 생각해보도록 기회를 주면 스스로 행동을 돌아보게 된다.

관찰 "승현이가 블록을 던져서 동생 발에 상처가 생겼구나."

감정 "화가 날 때 물건을 던지면 엄마가 놀라고 너무 걱정돼."

영향 "동생은 상처가 아물 때까지 며칠 동안 계속 아플 거야.

승현이는 동생이 다친 걸 보니 마음이 어떠니?

동생은 어떤 마음일까?

아빠는 어떤 마음이실까?"

제안 "어떻게 하면 화가 날 때 물건을 던지지 않고 안전하게 놀 수

있을까?"

아이에게 부탁하지 않고 지시해야 할 때도 있다. 다름 아닌 생활 규범을 가르치려고 말을 할 때다. 반드시 지켜야 할 질서를 가르칠 때는 아이에게 선택권을 넘겨서는 안 된다. 식당에서 조용히 앉아 식사하는 것, 에스컬레이터에서 뛰지 않는 것, 차도에서 걷지 않는 것 등은 아이가 선택할 여지가 없다. 사회적 규칙은 따라야 한다는 것을 가르쳐야 한다. 효과적으로 가르치려면 핵심을 간단히, 그러면서도 단호하게 말해야 한다.

"에스컬레이터에서는 천천히 걸어야 해."

아이가 다치기 직전이거나 당장 제지해야 하는 상황이라면 지시부터 해야 한다. 이후 위의 단계로 차분히 대화하며 짚고 넘어가면 된다.

엄마: 아까 엄마가 멈추라고 소리를 지른 건 네가 에스컬레이터에서 ✦
　　넘어질까 봐 걱정되어서 그래. 다행히 다치진 않았지만 정말
　　위험했어. 에스컬레이터에선 천천히 걸어야 해. 엄마는 많이
　　놀라고 속상했어. 너도 많이 놀랐지? 지금 마음은 어떠니?

아이: 좀 놀랐어요. 제가 잘못한 거 같아요.

엄마: 그래. 다치지 않아서 다행이야. 그리고 새로운 걸 하나 배웠네.
　　이제부터 안전하게 다니면 되는 거야. 어떻게 하면 다음부턴
　　안전하게 다닐 수 있을까?

아이: 음… 엄마 손 잡고 천천히 탈래요.

엄마: 좋은 생각이야. 백화점 나갈 때부터 한번 해보자.

'말하는 데도 단계가 있어?'라는 생각이 들 수 있다. 이 단계는 대화의 방법을 설명하기 위해 세분화한 것이다. 일상에서 조금만 적용해보면 굳이 단계를 떠올리려 애쓰지 않아도 자연스럽게 말할 수 있게 된다. 아이와 감정적으로 부딪히지 않으면서도 부모의 요구를 전달할 방법이 있다니 얼마나 감사한 일인가.

부모의 부탁에 열린 마음으로 응하는 아이의 모습을 보면 계속 실천할 원동력이 생길 것이다. 물론 상처가 깊은 아이들은 갑작스러운 부모의 변화를 시험하듯 더 말을 안 들을 수도 있다. 단번에 아이가 변하지 않아도 걱정할 필요는 없다. 아이를 존중하는 대화의 방향성을 갖고 꾸준히 실천한다면 분명 관계의 변화는 따라온다.

TIP 화가 전달되는 말투 vs 욕구가 전달되는 말투

화가 전달되는 말투

- "너 엄마 몰래 매운 라면 먹었지? 배 아프다는 애가 왜 이렇게 식탐을 부려!"
- "학교 마치고 바로 온다고 했잖아! 전화도 안 받고. 그럴 거면 폰은 왜 들고 다니니!"
- "그렇게 엄마가 따뜻하게 입고 가라니까. 고집부리더니 잘하는 짓이다. 감기 걸리면 네 손해지."

숨은 감정과 욕구가 전달되는 말투

- "네가 매운 라면을 먹었다고 하니까 엄마가 진짜 걱정이 된다. 자극적인 건 먹지 않으면 좋겠어. 엄마는 네가 건강해지길 바라."
- "네가 통화가 안 되어서 정말 가슴이 철렁하고 걱정했어. 엄마와의 시간 약속을 소중하게 생각해주면 좋겠다."
- "네가 기침하는 걸 보니 무지 걱정스럽다. 일기예보에 맞지 않게 옷을 입어서 그런 것 같아. 다음엔 좀 따뜻하게 입으면 좋겠어."

2-4
아이가 내게 말을 걸어올 때
"뭘 그런 걸로 울어" vs "많이 속상했겠다"

아이는 자신의 경험을 이야기하고 싶을 때, 궁금한 게 있을 때, 애정 표현을 할 때, 필요한 게 있을 때 부모에게 말을 건다. 말을 건네는 상황은 다 다르겠지만 아이가 가장 원하는 건 자신의 말에 귀 기울이는 부모의 태도이다. 부모가 아이의 요구를 다 들어줄 순 없다. 당장 필요한 걸 해줄 수는 없어도 경청해주는 부모의 모습이면 충분하다. 부모와의 교감을 통해 아이는 정서적으로 만족을 얻기 때문이다. 아이의 생각을 존중하며 아이의 말을 들어주는 자세가 필요하다.

일상에서 호감을 주는 사람들의 공통 특징은 상대방의 말을 경청한다는 것이다. 상대방의 말은 듣지 않고 자신의 이야기만 늘어놓는 사람과의 식사는 피곤하다. 심리학자 크리스 클라인케 박사는 이를 실험을 통해 밝혀냈다.* 발언량과 호감도는 분명한 연관성이 있었다. 실험 참가자들은 대화 중 70%는 자신의 이야기를 들어주고 30%만 말하는 사람에게 가장 호감도를 느꼈다. 부모와 자식 간의 대화도 마찬가지다. 아이들은 자신의 이야기를 들어주는 부모에게 마음이 활짝 열린다.

아이: 아빠 저 진짜 학원 가기 싫어요.   ✦

아빠: 학원 가기 싫구나. 그런데 학원이 얼마나 중요하니. 집에 가만히 있으면 스마트폰밖에 더 하겠니. 너도 학원비가 얼마나 비싼지 알 거야. 그 돈이면 엄마 아빠에게 필요한 것들도 살 수 있는데 다 포기하고 네게 기회를 주는 거잖아. 스스로 공부하기 힘든 부분을 좋은 강사를 만나서 배울 수 있으니 얼마나 좋니? 아빠 어릴 땐 학원 근처는 꿈도 못 꿨다. 네가 감사하게 마음을 먹어야지. 얼른 나갈 준비해. 아빠 나가는 길에 태워줄게.

아이: ….

위 대화에서 아이는 학원 가기 싫은 마음에 투정을 부리고 있다. 아빠는 아이가 학원에 가기 싫은 마음을 이겨내도록 돕고 싶어 말을 시작한다. 학원이 중요하다는 것을 여러 이유를 들어 강조해 설명한다. 과연 아이 입장에서 어땠을까? 아이는 그저 잠시 투정 부리며 부모와 힘든 마음을 나누고 위로받고 싶었을 뿐이다. 말을 꺼냈으나 진지하고 장황한 아빠의 설명에 당황했을 게 뻔하다.

별다른 방법이 없는 아이는 학원에 갔다. 아빠 입장에서는 아이 문제를 해결한 것이지만 아이 입장에서는 다르다. 힘든 마음을 이해받고 싶었던 욕구가 채워지지 못했다. 이런 상황이 반복된다면 아이의 말문은 아예 닫힐 수도 있다.

아이가 학원에 가기 싫은 데는 나름의 이유가 있다. 몸이 안 좋을 수도 있고, 학원 친구와 어제 다퉈서 오늘 만나는 게 조금 어색할 수도 있다. 아이의 말을 들어봐야 진짜 마음, 진짜 문제를 파악할 수 있다. 아이의 말과 행동에는 나름의 이유가 있다는 것을 기억하자.

들어보지도 않고 화를 내거나, 판단하거나, 흘려듣지 말자. 평상시 아이와의 대화에서 70% 정도는 들어주도록 노력할 필요가 있다. 꼭 수치상 70%가 아니더라도 아이가 하는 이야기를 경청하려는 마음을 가지면 된다는 의미이다. 부모가 들어줄 때 아이들은 마음이 열리고 대화가 즐겁게 느껴진다. 아이와의 좋은 관계는 경청에서 시작된다.

'적극적 경청Active Listening'이라는 개념이 있다. 미국의 심리학자 칼 로저스Carl Rogers가 제안한 경청 방법이다.** 적극적 경청의 핵심은 상대에게 집중해 진심으로 이해하려는 태도로 들어주는 것이다. 대화를 하며 '이해받고 있다'는 감정을 느껴본 적이 있을 것이다. 그때 상대방은 어떤 자세로 당신의 말을 듣고 있었는가. 당신을 바라보며 관심을 기울여 들어주었을 것이다. 당신의 생각을 비난하거나 무시하지 않고 수용해주었을 것이다. 다음 사례를 보며 아이와의 대화에 적용해보자.

"아빠, 나 딱지치기하다가 딱지 5개 잃었어." 놀이터에서 친구와 딱지치기를 했던 아이가 펑펑 울며 집으로 돌아왔다. 아이의 우는 모습을 본 아빠는 황당하다. '겨우 딱지 몇 개 잃은 것으로 이렇게 세상이 떠나갈 듯 우나?' 싶어 귀엽기도 하다.

적극적 경청의 방법에 따르면, 아이의 감정을 진지하게 받아들여야 한다. "귀여운 우리 딸, 그 조그마한 딱지가 뭐라고. 괜찮아. 뚝"보다는 "딱지를 5개나 잃었구나. 소중한 딱지인데. 정말 속상했겠다"라고 말이다. 어른의 눈에 아주 사소해 보일지라도 지금 이 아이에게는 세상이 무너질 것 같은 슬픔일 수 있다. 부모는 아이가 느끼고 있는 심각성을 이해하고 그 지점에서 대화를 나눠야 한다.

> **아이:** 딱지 잃어서 진짜 화가 나. ✦
> **아빠:** 딱지 잃어서 진짜 화가 나는구나. (그대로 따라 말하기)
> **아이:** 걔만 딱지 따고. 난 어제도 지고 오늘도 지고.
> **아빠:** 연속으로 져서 속상했겠는걸. (같은 내용 바꿔 말하기)
> **아이:** 나 이제 다시는 딱지 안 해! 색종이도 다 필요 없어!
> **아빠:** 그만하고 싶은 마음이 들 정도였구나. (아이가 말하고자 하는 바를 분명하게 말하기)
> 친구한테 딱지를 잃기만 하니까 그만하고 싶을 만큼 속상했겠어. (요약해서 말하기)

이와 같이 아이의 말을 반영해서 부모가 다시 말해주면 아이는 온전히 자신의 말을 수용한다는 느낌을 받게 된다. 아이의 마음이 좋지 않은 상태에서 쏟아내듯 말을 할 땐 충분히 말하도록 기회를 주어야 한다. 부모에게 문제를 해결할 좋은 대안이 있더라도 잠시 기다려야 한다. 아이의 말 중간에 개입해서 부모의 판단과 생각을 더하지 말자. 아이의 말에 집중하는 자세로 아이를 바라보고 충분히 들으며 반응해주자. 아이가 자신의 갈등을 잘 해결할 것이란 믿음을 갖자. 신뢰와 지지의 눈빛을 보내며 경청부터 하면 된다.

부모가 직접 해결책을 제시하는 것보다 아이가 자신의 해답을 찾도록 도와주는 게 바람직하다. 부모는 아이가 문제를 해결해 나가는 과정에 격려해주면서 함께하는 것이다. 예를 들어 아이가 "엄마, 일기에 뭘 써야 할지 모르겠어요"라고 물어본다면 "오늘 불고기 먹었잖아. 그거로 써"라고 해결책을 제시하는 것보다 다음과 같이 스스로 해결하도록 대답하는 것이 좋다.

> **아이:** 엄마, 일기에 뭘 써야 할지 모르겠어요.　　　　　　　✦
> **엄마:** 그래. 특별한 일이 없었던 날은 쓰기 어려울 수도 있어. 오늘 무슨 일이 있었지?
> **아이:** 집에서 동생이랑 놀고, 가족하고 밥 먹었어요.
> **엄마:** 그래. 오늘 있었던 평범한 이야기로 써보면 어떨까.
> **아이:** 음… 식당 가서 불고기 먹은 걸 써볼까요?
> **엄마:** 그것도 좋겠다.
> **아이:** 엄마 근데 불고기는 뭐로 만들어요?
> **엄마:** 불고기 재료들을 한번 찾아볼까?
> **아이:** 네. 제가 검색해볼게요.

아이의 질문에 대답할 거리가 생각나지 않을 땐 "왜 그런 걸까?", "어떻게 하면 좋을까?"라고 되물어보면 좋다. 부모와 아이가 함께 생각해볼 기회가 생기기 때문이다. 적극적 경청의 태도로 아이의 생각을 충분히 물어보는 게 좋다. 아이가 스스로 자신의 질문에 답하는 과정에서 자기 주도적인 태도를 배울 수 있다. 아이 입장에서 중요한 이 질문을 단순한 거라 생각하고 "이렇게 해", "그냥 해"와 같이 대답하지 말자.

간혹 아이가 부정적인 말을 툭 던지듯이 해 부모를 놀라게 만들기도 한다. 이땐 당황하지 말고, '아이가 힘듦을 표시하는구나'라고 생각하며 일단 받아들여야 한다. '다 싫어!', '아무것도 하기 싫어!'와 같이 극단적인 말은 '나 좀 도와줘! 진짜 힘들어!'라는 말의 다른 표현이거나 일종의 사인sign이다.

> "은지가 아무것도 하기 싫을 만큼 진짜 힘들었구나. 마음이 아프네."
> "뭐가 힘들었는지 엄마에게 들려줄 수 있을까?"
> "가족이 도와줄 게 있을까?"

아이의 말을 수용해서 감정을 가라앉히도록 도와준 후 아이의 행동에 대한 부모의 생각을 전하며 대화를 나눠보자. 이때도 해결책을 바로 제시하기보단 스스로 찾도록 질문하며 도와주는 게 바람직하다.

아이가 부모에게 말을 걸 때 가장 중요한 건 경청이다. 사실 어른이 아이의 입장에 눈높이를 맞춰서 듣는다는 것은 어려운 일이다. 그래서 우리는 어른의 관점에서 충고, 조언, 훈계, 평가 등을 하기 쉽다. 하지만 아이가 부모에게 말을 걸 때 적극적으로 경청하는 것이 아이에게 더 큰 힘이 된다는 걸 잊지 말자. 아이가 말을 충분히 많이 할 수 있도록 질문을 해주고 편안한 분위기를 만들어주자. 말을 하면서 생각이 정리된 아이는 스스로 해결책을 찾아갈 것이다.

TIP 아이가 충분히 말할 수 있도록 기회를 주세요

아이의 말문을 닫는 말	아이가 말하도록 돕는 말
• 네가 잘못한 게 있겠지.	• 화가 많이 났겠구나.
• 뭘 그런 걸로 울어.	• 아주 속상했겠어.
• 숙제를 했으면 혼날 일이 없었잖아.	• 왜 그런 걸까?
• 저거 그리면 되겠네.	• 어떻게 하면 좋을까?
• 당연히 해야 할 일이야. 그냥 해.	• 아빠가 도와줄 게 있을까?

아이의 성향과 기질을 이해하라

"뛰고 싶은 거구나. 이따 나가면 실컷 뛰자"

엄마와 난 성격이 참 많이 닮았다. 엄마도 나도 업무가 주어지면 최대한 빨리 해놓는 게 마음이 편하다. 둘 다 혼자 있는 시간을 참 좋아한다. 좋아하는 음식도 비슷하다. 실제 닮은 점이 많아 난 엄마와 대화가 잘 통하는 편이다. 친구에게 말 못 하는 비밀을 터놓기도 한다.

부모와 자식 사이의 성향이 다르면 어떨까. 대화가 통하지 않을까. 아니다. 자녀의 기질을 이해하면 양질의 대화가 충분히 가능하다. 성격이 다른 친구와도 잘 지낼 수 있는 것처럼 말이다. 특히 자녀의 이해되지 않는 모습을 많이 보게 되는 경우, 나와 다른 기질임을 인정하고 아이의 기질을 알아두는 것이 필요하다.

학창 시절, 낯을 많이 가리던 친구가 있었다. 이 친구가 엄마가 된 이후로 처음 본 사람들과도 스스럼없이 대화를 나누는 모습을 보며 내심 놀랐던 기억이 있다. 이처럼 주변 환경에 의해 '성격'은 바뀔 수 있다. 아이가 유전적으로 타고난 특성은 '기질'이라고 한다. 많은 학자가 타고난 '기질'은 변하지 않는다고 설명한다. 타고난 기질과 주변 환경에 따라 아이의 '성격'이 영향을 받는다.

미국의 저명한 아동 학자 알렉산더 토마스와 의학 박사 스텔라 체스는 아이의 기질을 3가지로 분류했다.[*] 즉 순한 아이Easy Child, 까다로운 아이Difficult Child, 느린 아이Slow to Warm up Child로 나눌 수 있다. 물론 혼합된 기질을 가진 아이도 있다.

'순한 아이'는 규칙을 잘 지킨다. 평소에 밝고 대개 긍정적이다. 사람들이 말하는 '착하고 순한 아이'가 이에 해당한다. 아이가 부모의 말을 잘 따른다고 해서 지시적, 권위적으로 대하면 안 된다. 아이가 스트레스를 많이 받게 되고 자칫 수동적인 성향이 될 수 있기 때문이다. 스스로 선택하고 결정할 기회를 주어 자율성을 기르도록 도와야 한다. '순한 아이'는 부모의 말에 대부분 순종하기에 오히려 의식적으로라도 다음과 같이 질문을 던져야 한다.

"네 생각은 어때?"

"힘들면 언제든지 그만해도 돼."

"스스로 해볼래?"

"네가 하고 싶은 걸 선택하면 된단다."

'까다로운 아이'는 환경 변화에 민감해 낯선 환경에 적응하는 데 시간이 필요하다. 자주 칭얼대기도 하고 싫어하는 것에 대해 의사를 확실히 표현한다. 고집스러워 보이기도 한다. 규칙에 얽매이는 것을 힘들어하기 때문에 충동적이고 자유로운 모습도 보인다. 이러한 성향의 아이에게 규칙과 약속만 강조하면 스트레스를 받을 수 있다. 자유롭게 생활하도록 허락하되, 경계를 설정해 규범을 가르쳐야 한다.

> "저 공간에서는 마음껏 뛰어도 되지만 이 안에서는 걸어야 한단다."
> "이곳에서는 어떻게 있어야 할지 잠시 생각해보자."
> "뭘 하고 싶은지 잘 알겠어. 하지만 이건 안 되는 거야. 대신 어떤 걸 할 수 있을까?"

'느린 아이'는 낯선 환경에 적응이 느린 특징이 있다. 거부하고 싶을 땐 회피하거나 한없이 미루기도 한다. 일상의 과제들을 느린 속도로 해결하는 아이를 보며 답답할 수 있다. 그러나 빨리하도록 강요하면 아이가 스트레스를 상당히 받는다. 주어진 시간 안에 과제를 해결하도록 도우려면 다음과 같이 대화를 하면 좋다.

> "이걸 다 하려면 시간이 얼마나 더 필요할까?"
> "조금씩 익숙해졌나 보다. 시간 안에 잘 준비하네."
> "시작하기가 힘들구나. 엄마가 어떻게 도와주면 좋을까?"

자신과 다른 아이의 기질은 인정하기가 참 쉽지 않다. 조용한 것을 좋아하는 부모는 까다롭고 늘 칭얼대는 아이가 참 키우기 어렵다. 무엇이든 빨리 해내는 것을 좋아하는 부모는 느릿느릿한 아이가 답답하다. 꼼꼼하게 일을 마무리하는 부모는 대충 해놓고 놀러 가는 것 같은 아이가 이해되지 않는다. 하지만 아이가 내 마음에 꼭 맞게 행동하지 못해도 이를 인정해야 한다. 기질은 아이가 원해서 얻은 게 아니다. 타고난 것이기 때문에 아이의 기질을 바꾸려 아이와 싸워선 안 된다.

타고난 기질에 대해 부정적인 말을 반복적으로 들으면 어떻게 될까. 아이는 스스로에 대해 부정적인 자아상을 갖게 된다. 반대로 자신의 기질을 인정해주는 부모 밑에서 자라난다면 각 기질의 장점을 키울 수 있다.

"빨리해. 세수 오래 하느라 아침도 못 먹겠다!"
⇒ "세수하면서 재밌는 생각이 났나 보구나. 씻고 나와서 엄마에게도 말해줄래?"

"넌 조금만 맘에 안 들면 그게 그렇게 참기가 어렵니?"
⇒ "불편할 수 있어. 힘든데도 지금까지 참고 있었구나."
⇒ "다른 사람들도 너처럼 불편할 수 있는데 해결해줄 수 있는 좋은 방법이 없을까?"

교실에 자유분방하고 정리 정돈을 어려워하는 아이가 있었다.

"네 물건은 스스로 치워야지!" 하고 다그치면 이 아이와 하루에도 몇 번씩 씨름해야 한다. 혼내는 대신 "책상 주변에 물건들이 떨어져 있구나. 친구들이 밟으면 넘어질 수 있으니 꼭 정리해야 한단다", "책상 주변을 깨끗하게 하려면 뭐부터 하면 좋을까?", "책상 정리하는 법을 잘 모르겠다면 선생님이 도와줄게", "정리를 해두면 나중에 찾기가 쉽단다"와 같이 이유를 알려주고 매일 타일렀다. 한 학기가 지난 후 이 아이는 주변 정리 정돈을 대부분 스스로 하게 되었다.

간혹 아이를 있는 그대로 받아들이라는 말을 잘못 이해하기도 한다. 아이가 하는 잘못된 행동도 '아이가 자유로워서 그런 거니까. 내가 이해해야지'와 같이 인정해주는 것이다. 아이와의 힘겨루기를 어려워하고 갈등을 피하고자 하는 성향의 부모에게서 이런 모습이 나타나기 쉽다. 어렵더라도 바른 학습 태도, 기본 생활습관과 예의범절 등은 꼭 가르쳐야 한다. 느린 아이도 시간 약속을 정하고 연습하면 외출 전에 준비를 마칠 수 있다. 주변 정리를 어려워하는 아이도 훈련을 통해 정리를 배울 수 있다. 아이의 기질을 비난하거나 혼내지 않고도 경계를 가르칠 수 있음을 기억하자.

1학년 아이들과 만들기 수업을 했다. 목공용 풀을 이용해서 종이에 보석을 붙이는 작업이었다. 일반 풀로는 접착이 잘되지 않아 목공용 풀을 이용한다고 설명을 했다. 모두가 열심히 만들고 있는데 딱풀을 쓰고 있는 아이가 눈에 들어왔다.

교사: 은이야, 목공용 풀을 사용해야 보석이 튼튼하게 붙는단다. ✦
아이: 싫어요. 저는 딱풀을 쓸래요.
교사: 왜 딱풀을 쓰고 싶어? 보석이 떨어지면 어떡하지?
아이: 안 떨어질 수 있어요.

아이는 딱풀을 쓰겠다고 고집을 부렸다. 아이는 왜 고집을 부렸을까? 이 아이는 자신이 선택한 걸 할 때 편안한 아이이다. 남의 제안은 받아들이기 어려워한다. 새로운 자극에 불안감이 높기 때문이다. 아이는 자신의 방식을 고수하며 안정감을 느끼고 싶어 했다.

불안한 아이에겐 억지로 강요해선 안 된다. 아이는 목공용 풀을 처음 봐서 불안감이 있었고, 자신에게 편한 딱풀을 사용했을 뿐이다. 이럴 땐 어떻게 말해야 할까? "그래. 그럼 이번엔 딱풀을 쓰자. 목공용 풀이 필요하면 말하렴." 아이가 혹시 고집을 부리다 실패했더라도 "고집부리다가 그럴 줄 알았다"보다는 "네 방식대로 완성했구나. 수고했다. 다음번엔 이 방법으로도 한 번 해보자"라고 격려해주면 된다.

부모가 생각하는 '정상적인 행동'이라는 기준에 아이가 미치지 못하기도 한다. 보기 안타까운 마음에 아이를 억지로 바꾸려 애쓰지 말자. "이게 뭐라고 그래. 다른 애들도 다 하는 거야"와 같이 이야기하면 아이는 '왜 친구들은 다 괜찮은데 나만 다르지? 왜 나만 못하지?' 같은 생각이 들 수 있다. 아이를 바꾸려 하기보다 성향 속에 숨겨진 장점을 이끌어 내주는 것이 더 도움이 된다. 스스로 위축되었을 아이에게 이러한 장점들을 계속 상기시켜주자. "넌 참 신중한 아이야. 깊이 생각해보고 마음이 편안해졌을 때 시작해도 된단다."

순한 기질, 까다로운 기질, 느린 기질 혹은 다른 어떤 기질들 중 내 아이는 어떤 기질인 것 같은가. 2가지 이상의 기질이 복합된 것 같은가. 유난히 이해되지 않는 아이의 행동에 대해 기질을 바탕으로 생각해보자. 아이는 부모를 힘들게 하려는 게 아니다. 부모로부터 주어진 기질을 갖고 세상에 적응하는 중이다. 아이 나름대로 살아내기 위해 최선을 다하고 있는 중이다. 그동안 다그쳐왔다면 자책하지는 말자. 우리가 아이의 기질을 몰랐을 뿐이다. 오늘부터 아이의 기질을 있는 그대로 인정해주며 대화를 시작해보자.

TIP 아이의 기질을 인정해주세요

아이 기질을 비난하는 말

- "야! 거기 안 서? 뛰지 말라니까. 너 때문에 여기에 못 있겠다. 애가 왜 이렇게 산만해."
- "고집부리더니 그럴 줄 알았다."
- "제발 엄마 말 좀 들어!"
- "너 그러다 늦으면 학교 못 간다."

아이 기질을 인정하는 말

- "뛰고 싶은 거구나. 문밖에선 마음껏 뛰어도 되지만, 안에선 안 돼. 지금은 걷고 나가면 실컷 뛰자."
- "네 방식대로 완성했구나. 수고했다. 다음번엔 엄마가 알려준 방법으로도 한 번 해보자."
- "몇 분 정도 더 필요하겠어?"

3장

˅˅˅˅˅˅˅˅˅˅˅˅˅

아이의 자율성을
높이는 부모의 말

자율성의 바탕에는 절제가 있습니다.
아이를 존중해 선택의 자유를 주되 안 되는 것에 대한
경계를 알려주고, 행동에 따르는 결과를 겪어내도록 해야 합니다.
스스로 행동을 돌아볼 기회를 주면 자율성이 높아집니다.
반복되는 실수에도 격려를 받고 결국 해내는 경험이 필요합니다.

∨∨∨∨∨∨∨∨∨∨∨∨∨∨∨

"바닥이랑 책상 중에 어디부터 정리하고 싶어?"
"그때로 돌아간다면 어떻게 하고 싶어?"
"속상하지? 그런데 떼쓴다고 엄마가 들어줄 순 없어.
이건 네가 꼭 해야만 하는 일이야."
"잘 못해도 괜찮으니 다시 한번 해볼까?"

선택의 자유가 자율성을 높인다

"이 중에 어떤 책을 먼저 읽고 싶어?"

에드워드 데시와 리처드 라이언이 발표한 '자기 결정성 이론Self-Determination Theory'에 따르면, 자율성은 매우 중요한 욕구이다.* 자율성을 존중받지 못하는 환경에서 자란 아이는 행복감이 낮아진다. 자율적으로 선택하고 결정하는 능력 또한 사라질 수 있다. 자율성 욕구가 충족되면 동기가 부여되고 마음도 건강해진다. 아이는 인생을 살아가며 수많은 선택의 순간을 마주할 것이다. 스스로를 삶의 주체로 생각하고 건강한 선택을 하며 살아가도록 키워야 한다. 아이의 자율성을 높이는 대화가 꼭 필요한 이유이다.

| "TV 꺼. 이제 숙제해야지."

"세 쪽 풀면 과자 사줄게."

"동화책 다 읽어야 놀이터 갈 수 있어."

"시간 없잖아. 엄마가 입혀줄게."

"이 색깔로 칠해. 여긴 이게 어울려."

위의 말들엔 공통점이 있다. 부모 입장에서 원치 않는 행동을 아이가 하고 있을 때 하는 말이라는 점, 아이가 저 말을 들으면 행동하게 될 것이라는 점, 아이에게 무엇을 해야 할지 명확히 알려준다는 점. 이 3가지 정도를 공통점으로 찾을 수 있겠다. 어떻게든 아이를 행동하도록 해야 하는 부모 입장에서 할 수밖에 없는 말들이다. 어쩔 수 없이 말은 하지만 좋은 말은 아니라는 걸 어렴풋이 느낄 것이다. 가끔 듣는 건 괜찮다. 그러나 매번 지시하고 명령하는 말을 듣는 것은 유익하지 않다.

아이의 장기적인 성장을 위해 더 나은 대화는 어떤 것일까. 아이를 대화의 주인공으로 존중하는 대화이다. 아이가 언제까지 부모가 시키는 것만 하고 살 수는 없다. 스스로 선택하고 판단해 결정하는 걸 배워야 한다. 실제 행동에 옮겨야 하는 사람은 아이 본인이다. 스스로 자신의 행동을 선택하고, 그에 따르는 책임을 지는 경험은 꼭 필요하다.

스스로의 원칙에 따라 행동하고 스스로 자신을 조절하는 능력을 '자율성'이라고 부른다. 아이의 자율성을 길러주기 위해서는 아이를 행동의 주체로 생각하고 대화해야 한다. 부모가 모든 것을 통제하고 제시하고 명령해서는 안 된다. 아이에게 좋은 것을 가르치고 싶은 마음에 부모의 요구만 전달하고 있는 건 아닌지 한번 되돌아보자.

기본적으로 다음과 같은 마음을 갖고 있으면 자율성을 키우는 대화를 쉽게 할 수 있다.

① 아이에게는 스스로 선택할 권리가 있다.
② 난 아이의 선택을 존중한다.
③ 물론 아이의 선택이 실패할 수도 있다.
④ 그러나 내 아이는 실패를 통해서도 성장할 것이다.
⑤ 난 아이의 의견과 행동을 수용할 것이다.
⑥ 난 적절한 수준의 개입을 통해 아이에게 도움을 줄 것이다.

서둘러 나가야 하는 상황에서 나누는 엄마와 아이의 대화이다.

엄마: 벌써 나갈 시간이다. 만들던 거 정리하고 얼른 나와.
아이: 아, 지금 멈추면 나중에 하기 힘든데.
엄마: 나갈 시간인데 어떡해 그럼. 주변에 떨어진 것도 줍고 정리해.
아이: (한숨을 쉰다.)
엄마: 어휴, 빨리빨리 하라니까. 엄마가 치울 테니까 가서 얼른 손 씻고 와.
아이: 네.

아이는 어떤 기분일까. 재밌게 하던 일을 내려놓기 싫은 마음에 짜증이 난다. 엄마가 시켜서 억지로 정리한다는 기분도 든다. 정리를 어디서부터 시작해야 할지 몰라 막막할 수도 있다. 잠시 실랑이를 벌이다 결국 엄마가 다 정리해주는 상황이 되었다. 만약 이와 같은 상황이 반복된다면 어떨까. 비슷한 상황이라면 아이는 '어차피 엄마가 해주겠지'라는 생각을 할 수 있다. 아이를 억지로 끌고 가는 식의 대화는 자율적인 아이로 성장하는 것을 방해한다. 부모가 아이에게 바랐던 '스스로 정리하고 나갈 준비를 하는 모습'이 되려면 다음과 같이 대화를 바꿔보자.

> **엄마:** 민혁이가 만들기를 엄청 열심히 하고 있구나. 근데 어떡하지? ✦ 벌써 나갈 시간이 되었어. 종잇조각도 정리하고 풀 묻은 손도 닦아야 하는데 뭐부터 하면 좋을까?
>
> **아이:** 종이부터 정리할게요.
>
> **엄마:** 좋은 생각이다. 만들기 도구들도 스스로 정리해볼래? 아니면 엄마가 도와줄까?
>
> **아이:** 음… 시간이 부족할 것 같아요. 도와주세요.
>
> **엄마:** 그래. 엄마가 제자리에 놓아줄게. 민혁이가 스스로 정리도 하고, 시간 약속도 잘 지켜서 기특하네. 고마워 아들.

위의 대화에서 엄마는 아이에게 선택권을 주고 있다. 스스로 다음 행동을 결정할 수 있도록 구체적인 선택지를 제시했다. 둘 중 하나를 고르면 되는 아이는 수월하게 선택을 하고 스스로 행동으로 옮긴다. 부모의 의견을 얘기하고 아이의 선택을 존중하는 게 자율성을 기르는 대화의 첫 시작이다. 아이에게 몇 가지 선택지가 있음을 알려주고 선택은 아이에게 맡기는 것이다. 아이는 자신에게 선택권을 주는 부모를 보며 부모가 자신을 신뢰한다는 것을 깨닫게 된다. 부모로부터 존중받는다는 느낌도 얻는다.

선택에 어려움을 느끼고 부모에게 의존적인 태도를 보이는 아이들도 있다. "엄마, 나 물 마셔도 돼?", "엄마, 나 밥 덜어 먹어도 돼?", "엄마, 나 뭐 할까 이제?" 꼭 자율성이 부족한 탓만은 아니다. 아이가 섬세하고 사려 깊은 성향일 때도 이럴 수 있다. 스스로의 행동이 옳은지 부모에게 확인받고 싶은 것이다. 이때 "그런 건 좀 알아서 해"라며 나무라지 말자. "넌 어떻게 하고 싶어?"라고 물어봐 주면 좋다. 아이의 선택이 존중받도록 반복해서 기회를 주자.

자율성을 존중하기 위해 "네가 하고 싶은 대로 알아서 해"라고 하는 건 자칫 방임이 될 수 있다. 성인이라도 지나치게 선택지가 많으면 더 나은 게 무엇인지 판단하기 어렵다. 이를 '선택의 역설Paradox of Choice'이라고 한다. '알아서 해'는 아이 입장에서 매우 어려운 질문이다. 아이는 무엇이 더 나은지 판단하는 기준을 배우는 단계이기 때문이다. 몇 가지 중 선택하도록 선택지를 주는 게 좋다. 선택에 따르는 결과를 경험하다 보면 스스로 더 나은 결정을 하게 된다.

아이들은 행동에 책임지는 과정을 배워가는 중이다. 아직은 장기적인 관점에서 판단하지 못하고 순간적인 쾌락을 위한 선택을 할 수도 있다. 스스로에게 유익한 것을 판단하고 결정할 수 있을 만큼 성장하도록 부모의 적절한 개입이 필요하다. 숙제하기 싫어하는 아이에게 매번 "그래 하지 마"라고 할 수는 없다. 숙제는 당연히 해야 하지만 언제, 어떤 방식으로 할 것인지에 대해서는 선택권을 주면 된다.

"거실에서 숙제하고 싶니? 아니면 방에 가서 할래?"와 같이 스스로 선택할 수 있는 질문은 얼마든지 쉽게 할 수 있다. 당연히 배워야 할 생활 규범은 지키는 것을 원칙으로 하되, 그 방식에 선택권을 주는 대화를 하면 된다.

강요를 당할수록 반항심을 품게 되는 심리적 현상을 '리액턴스 효과Reactance Effect'라고 한다. 하면 안 된다고 강한 제약을 받거나 꼭 해야 한다고 강요를 받을 땐 청개구리 같은 심리가 된다. 자율성은 아이들의 본능이다. 같은 상황이라도 지시적으로 말할 때와 선택지를 줄 때 아이의 마음 상태는 완전히 다르다.

자율적인 아이로 자라나길 바란다면 부모가 하나하나 지시하고 챙기던 습관을 내려놓자. 자신이 스스로 선택했다는 생각이 들 수 있도록 아이에게 선택의 기회를 주자. 아이의 선택을 진심으로 존중해주자. 선택에 따르는 결과를 겪으며 성장하는 건 아이의 몫이다.

선택의 기회를 주면 자율성이 높아져요

지시, 명령하는 말

- "그만 놀고 가서 책 좀 읽어."
- "방이 이게 뭐니? 정리 좀 해."
- "거긴 이 양말이 어울려. 이거 신어."
- "뭘 자꾸 물어봐. 네가 좀 알아서 해."

선택의 기회를 주는 말

- "세 권 중에 어떤 책을 먼저 읽고 싶어?"
- "바닥이랑 책상 중에 어디부터 정리하고 싶어?"
- "어떤 양말 고르고 싶어? 추우니까 이 중에서 고르면 되겠다."
- "넌 어떻게 하고 싶어?"

자율에 따르는 책임 알려주기
"친구가 네게 인사를 안 해주면 기분이 어떨까?"

　　사람들과 함께 살아가기 위해 반드시 지켜야 하는 약속들이 있다. 상대방을 때리지 않는 것, 식당에서는 조용히 식사하는 것, 다른 사람의 물건을 함부로 만지지 않는 것 등. 아이에게는 자율적으로 선택할 권리가 있지만, 그 권리에는 경계가 있다. 사회적 약속은 아이의 기분과 상관없이 지켜야 한다는 것을 꼭 가르쳐야 하니 강압적으로, 무섭게 질책하는 일도 종종 있다. 경계를 설정하고 규범을 가르치는 건 중요하지만, 반복적으로 자율성을 해치지 않도록 주의가 필요하다.

　　"길에선 좀 조용히 다녀. 사람들이 길에서 이렇게 떠드는 애를 보고 뭐라고 생각하겠니."

"수학 공부 좀 해. 친구들이 이것도 못 푼다고 생각하면 어쩌려고
그러니."

아이들에게 경각심을 일깨우고자 위와 같이 말하기도 한다. 부
모의 의도는 아이가 더 나은 행동을 하도록 지도하기 위함이다. 부
모의 핀잔이나 경고를 들은 아이는 순간적으로 행동을 바꿀 수 있
다. 하지만 장기적으로 볼 때 효과적일지는 의문이다. 스스로 이유
를 알고 행동하도록 돕는 말이 아니기 때문이다. 위와 같은 말을
반복적으로 들으면 타인의 시선이 행동의 기준이 될 수 있다.

"와서 밥 먹어", "뛰지 마", "이 닦아"와 같이 지시하고 명령하는
말투는 즉각적인 효과가 있다. 엄마에게 혼나는 게 두려워 순종적
으로 따르게 된다. 부모는 쉽게 따르는 아이를 보며 이러한 말투를
반복적으로 사용하게 된다. 그러나 지시에 따르기만 하는 아이는
자신의 행동을 생각해볼 기회가 없다. 부모의 말을 따르는 데 그치
면 아이는 수동적인 태도를 가질 수 있다. 아이 스스로 판단하고
행동할 수 있도록 돕는 훈육이 필요한 이유이다.

자율성을 해치지 않으면서 규범을 가르치려면 어떻게 해야 할
까. '왜냐하면', '예를 들어', '만약에'라는 세 단어를 기억하자.

왜냐하면 왜 해서는 안 되는지, 왜 해야만 하는지 이유를 설명해야
한다.

예를 들어 쉽고 간단한 이미지를 떠올릴 수 있게 예를 들면 좋다.
만약에 자신의 행동이 상대에게 어떤 영향을 주는지 생각할 기회를 주어야 한다.

다음의 대화에 적용해보자.

"지우야. 바닥에 떨어진 물건은 바로 주워야 한단다."
"**왜냐하면** 다른 가족이 다칠 수 있거든."
"**예를 들어** 아빠가 작은 블록을 지나가다가 밟으면 '아야!' 하실 수도 있겠지."
"**만약에** 바닥에 떨어진 걸 밟고 발이 다치거나 미끄러지면 지우는 기분이 어떨 것 같아?"

꼭 지시해야 하는 내용은 아이가 쉽게 이해할 수 있도록 눈높이를 맞춰 위와 같이 설명해주면 좋다. 여러 차례 화를 내며 말하지 않아도 아이에게 충분히 중요성을 인식시킬 수 있다. 이유 설명하기, 쉽게 예를 들어주기, 상대방 입장이 되어보도록 질문하기를 대화에 활용해보자.

간혹 아이에게 이유를 설명해도 하기 싫은 마음에 한없이 미룰 수 있다. 양치하기, 손 씻기, 숙제하기, 제시간에 잠자리에 들기 등 일상적인 일들이 아이들에겐 어렵게 느껴질 때가 많기 때문이다. 미루고 미루다 빠듯하게 해결하는 일도 생긴다. 매일 같은 상황으로 아이와 실랑이를 벌여야 하는 부모는 지치게 된다. 이때 아이에게 꼭 해주어야 하는 말이 "참는 것도 배워야 해", "싫어도 꼭 해야 하는 것이 있단다"이다. 자율성의 사전적 의미를 찾아보면 '자기 스스로 자신을 통제해 절제하는 성질'이라고 나온다. 즉 자율성의 바탕에는 절제가 있다. 절제는 안 되는 것에 대한 경계를 알려주고, 자신의 행동에 책임지는 과정을 통해 배울 수 있다.

아이: 엄마, 손 안 씻고 그냥 바로 간식 먹으면 안 돼요? ✦

엄마: 놀이터 다녀온 후에는 꼭 손을 비누로 씻어야 한단다. 여러 사람이 사용하는 곳에는 세균들이 많거든. 보이진 않지만 아주 많은 세균이 묻어 있을 거야.

아이: 진짜 귀찮아요.

엄마: 하기 싫어도 꼭 해야 하는 것들이 있단다. 하기 싫은 걸 해내는 법도 배워야 해.

아이: 그러면 엄마랑 같이 손 씻을래요.

엄마: 그래, 그렇게 하자.

때론 위와 같이 단호하게 해야 할 것을 알려주는 게 필요하다. 동시에 일상적인 일들에 대해 규칙을 정해두는 것도 도움이 된다. 우리 학급에서는 3월 초 모든 아이가 함께 참여해 학급 규칙을 만든다. 규칙은 교실 한쪽에 게시해둔다. 아이가 규칙을 어겼을 땐 게시물을 가리키며 눈짓만 해도 알아채고 자세를 바꾼다. 함께 만든 규칙은 힘이 있어서 아이들 스스로 지키려고 노력하게 된다.

가정에서도 마찬가지이다. 규칙은 부모가 일방적으로 정하는 것보다 아이와 함께 정하는 게 좋다. 부모와 아이가 서로 의견을 나누고 규칙을 정하면 아이는 스스로 규칙을 지키기 위해 노력하게 된다. 조금 싫고 귀찮더라도 함께 만든 약속을 지키려고 애를 쓰는 것이다. 이 과정에서 책임감이 길러진다.

(아이가 숙제가 있다고 엄마에게 말을 한 상황) ✦

엄마: 저녁 먹고 나서 해야 할 일이 있니?

아이: 음… 숙제가 있어요. 수학 문제 두 쪽만 풀면 돼요.

엄마: 그래. 어느 정도 걸릴 것 같아?

아이: 30분 정도요.

엄마: 숙제는 언제 하고 싶니?

아이: 꼭 보고 싶은 방송이 있어서 그거 보고 8시쯤 할 거예요.

엄마: 그래. 9시에 잠자리에 들려면 8시에 시작해야겠구나.

대화 속 엄마는 아이에게 언제 숙제를 하고 싶은지 물어 숙제 시간에 대한 선택권을 주었다. 아이는 보고 싶은 방송을 먼저 보고 8시에 숙제를 하기로 선택했다. 엄마는 9시에 잠자리에 드는 약속을 아이가 지킬 수 있도록 가볍게 상기시켜주었다. 아이가 늘 약속을 지키지는 못한다. 특히 TV나 핸드폰 등을 하고 있을 땐 멈추고 다음 행동으로 넘어가는 걸 어려워한다. 아이는 8시에 숙제를 시작하기로 약속했으나 8시가 넘도록 유튜브를 보고 있다. 이럴 땐 어떻게 개입해야 할까.

"8시에 시작한다며. 빨리 끄고 숙제해"보다는 "이제 그만 볼 시간이네. 시계 한 번 확인해볼래?"와 같이 상기시켜주는 게 좋다.

만약 아이가 계속 방송을 보느라 숙제를 시작도 못 하고 있다면 어떻게 해야 할까. 엄마는 화가 나겠지만 심호흡 한 번 하고 다음 문장을 떠올리자. '아이가 책임질 일이야.' 아이는 자신의 행동이 앞으로 불러일으킬 결과를 예상하는 게 어렵다. 부모 입장에서는 '숙제하느라 잠을 늦게 자서 내일 아침에 피곤하겠지'와 같이 결과가 떠올라 답답하고 화가 난다. 하지만 아이는 미처 생각하지 못할 수 있다. 아이가 숙제를 약속한 시간에 시작하지 않는 걸 선택해서 그 결과를 겪어야 한다면 겪게 두자. 대신 다음번에 같은 상황일 때 겪었던 상황을 두고 이렇게 대화를 이끌 수 있다.

엄마: 지난번에 숙제를 제때 못해서 늦게까지 하느라 ✦
피곤했었잖아. 엄마도 네가 피곤한 모습을 보는데 걱정도 되고 안타깝더라. 진수는 어땠어?
아이: 저도 힘들었어요. 쉬운 숙제였는데 졸리니까 하기가 싫었어요.
엄마: 그래. 왜 숙제를 시작하기가 이렇게 힘들었던 걸까?
아이: 방송이 너무 재밌어서 시간 가는 줄 몰랐어요.
엄마: 그랬구나. 그러면 다음번엔 어떻게 하면 숙제를 자기 전에 끝낼 수 있을까?
아이: 숙제하기 전에 방송을 보면 좀 힘든 것 같아요. 숙제부터 하고 마음 편하게 놀래요.
엄마: 좋은 생각이다. 그럼 숙제 있는 날엔 저녁 먹고 숙제부터 하는 것으로 하자.

자기 결정성 이론의 대가 에드워드 데시 교수는 "자율성을 기르기 위해서는 자신의 권리가 어디까지인지 한계를 이해하는 것이 중요하다"라고 말한다. 아이에게는 한계를 설정하는 이유를 설명해주는 것이 필요하다. 아이 스스로 해야 하는 행동과 하지 말아야 할 행동을 판단할 수 있도록 기준을 가르쳐야 한다. 이때 아이의 눈높이에서 행동의 결과를 예측할 수 있도록 대화한다면 더 큰 도움이 된다. 아이에게 선택권을 주되, 선택에 따른 책임도 단호하게 가르치자. 아이가 잘못된 선택의 결과를 겪어야 한다면 겪어내고 성장하도록 대화로 끌어주자.

한계를 정해주어야 자율성이 자라납니다

눈높이에 맞게 설명하기

- "가게에서 계산을 다 하고 물건을 받을 땐 감사하다고 인사를 해야 한단다. **왜냐하면** 인사는 기본예절이거든. **예를 들어** 선생님을 만났을 때 꼭 인사를 하는 것처럼 당연한 일이야. **만약에** 친구가 은지에게 인사를 안 해주면 은지 기분은 어떨까?"

규범과 절제 가르치기

- "참을 줄도 알아야 해."
- "멈추는 법도 배워야 해."
- "이건 네가 꼭 해야만 하는 일이야."
- "왜 약속을 지키는 게 어려웠던 걸까?"
- "다음엔 어떻게 하면 약속을 잘 지킬 수 있을까?"

아이의 생각을 묻는 질문이 중요하다

"그때로 돌아간다면 어떻게 하고 싶어?"

마이크로소프트 창업자 빌 게이츠, 정신분석학의 창시자 지크문트 프로이트, 시대적 감독인 스티븐 스필버그 감독의 공통점은 무엇일까. 이들은 모두 유대인이다. 유대인들은 정치·경제·문화·예술 등 다양한 분야에서 두각을 나타내고 있다. 역대 노벨상 수상자 중 유대인의 비율은 약 30%를 차지한다.[*] 이들이 자신의 분야에서 큰 성공을 거두는 이유는 유대인의 교육 방식에서 찾을 수 있다.

유대인 사회에서는 질문을 매우 중요하게 생각한다. 학교에 다녀온 자녀에게 "오늘은 무엇을 질문했니?"라고 묻는 유대인 어머니의 일화는 널리 알려져 있다. 질문하기는 학습뿐 아니라 일상에서 자율성을 높이는 데도 중요한 역할을 한다. 가정에서는 어떤 질문을 통해 아이를 성장시킬 수 있을까.

놀이터에서 친구와 갈등을 겪은 아이가 집으로 돌아왔다. 친구들이 자신의 의견을 들어주지 않아 화가 많이 나 있는 상태이다. 엄마는 아이의 힘든 감정을 충분히 공감해주었다. 이후 엄마는 다른 경우에도 친구들이 아이의 말을 들어주지 않았는지 물어보았다. 아이는 그렇지 않다고 말했다. 놀이 과정에서 친구들과 대화하는 방법에 문제가 있을 수 있다고 생각한 엄마는 대화를 시작했다.

엄마: 친구들이 말을 안 들어줄 때 넌 어떻게 했어? ✦

아이: 좀 들으라고 화냈어요.

엄마: 네가 화낼 때 다른 친구들은 어떻게 반응해?

아이: 애들이 막 달리는 중이라 제가 화난 것도 모르는 것 같아요. 그냥 지나쳐서 가요.

엄마: 친구들이 뛰고 있었구나. 다시 그 상황으로 돌아간다면 어떻게 말하면 좋을까?

아이: 애들이 도망 다니느라 제 얘길 못 듣는 거 같아요. 그냥 말을 참아야 할 것 같아요.

엄마: 혹시, 다르게 해결할 방법은 없을까?

아이: 술래잡기를 한 판 다 하고 나서 말해야 할 것 같아요.

엄마는 부드러운 질문을 통해 아이의 경험에 대해 알아갔다. 아이가 질문에 대답하면서 스스로 답을 찾아가는 과정이 눈에 띈다.

단순히 "친구들이 잘못했네" 하며 남을 탓하는 건 도움이 되지 않는다. "네가 말을 제대로 못 했겠지"라며 지레짐작해 아이를 탓하는 것도 피해야 한다. "에이, 뭘 그 정도로 그래. 별일 아니야"라며 사소한 것으로 치부하는 것도 좋지 않다.

아이 스스로 상황을 다시 한번 떠올리고 상황을 객관적으로 바라볼 수 있게 도와야 한다. 질문을 통해 생각을 정리하고 자신의 행동을 개선할 수 있다. 스스로 자신의 행동에 대해 돌아본 아이는 비슷한 상황일 때 더 나은 행동을 선택할 수 있다.

질문은 아이가 자신의 경험을 정확히 파악할 수 있도록 하는 것이 좋다. 방금 일어난 한 상황만을 두고 판단하고 질문하지 말자. 과거에도 비슷한 일이 있었는지, 언제부터 있었던 일인지, 다른 아이들과도 비슷한 경험이 있는지 등을 물어보면 전반적인 상황을 이해할 수 있다.

아이의 경험과 함께 아이의 생각도 물어봐야 한다. 감정에 휩싸여 객관적으로 보지 못하던 자신의 상황을 파악할 수 있으니 말이다. '넌 어떤 생각을 했어?', '정말 하고 싶었던 건 뭐야?', '그때로 돌아간다면 어떻게 하고 싶어?'와 같은 질문들로 아이의 생각을 자극할 수 있다.

아이: 엄마, 더 먹고 싶은데 배가 불러서 못 먹겠어요. ✦
엄마: 조금밖에 안 먹은 것 같은데. 배가 많이 부른가 보구나.
아이: 네. 진짜 종류별로 다 먹고 싶었는데 배불러요.

엄마: 왜 이렇게 빨리 배가 찼을까?

아이: 아까 과자 먹어서 그런가 봐요.

엄마: 밥 먹기 전에 간식을 먹으면 밥을 잘 먹지 못하더구나. 은서는 어떻게 생각해?

아이: 그런 것 같아요. 과자 먹느라 식당에서 맛있는 거도 못 먹고.

엄마: 참 아쉽겠어. 앞으로 어떻게 해보면 좋을까?

아이: 밥 먹기 전에는 과자 안 먹고 좀 참을래요.

위 대화는 오랜만에 간 식당에서 밥을 먹으며 아이와 엄마가 나눈 대화이다. "어이구. 엄마가 과자 먹지 말고 좀 참으랬지? 이럴 줄 알았다. 비싼 돈 주고 뷔페 와서 먹지도 못하고"라는 핀잔으로 시작하는 대화는 아이에게 잔소리로만 들린다. 아무리 옳은 소리여도 잔소리가 되면 아이는 흘려듣는다. 이럴 땐 질문이 더 효과적이다. 질문을 들으면 질문에 대한 답을 찾기 위해 생각을 깊이 하게 된다. 자신의 모습을 돌아보고 반성할 기회가 생기는 것이다. 위 대화에서 아이는 부모와의 대화 끝에 "밥 먹기 전에는 과자 안 먹고 좀 참을래요"라고 스스로 다짐을 했다. 잔소리 없이도 아이의 마음가짐이 달라진 것이다.

미국의 사회 심리학자 레온 페스팅거Leon Festinger의 인지 부조화 이론Cognitive Dissonance Theory에 따르면, 사람은 자기 논리의 일관성을 유지하고 싶어 한다. 자신의 신념과 행동이 일치하지 않을 때 심리가 불편해지기 때문이다. 이를 아이의 행동에 적용해보자. 아이가 신념이 올바르면 그 신념에 일치하는 행동을 더 쉽게 하게 된다. 부모의 질문에 아이가 스스로 대답하는 과정에서 올바른 신념을 자신의 말로 표현하게 된다. 스스로 확언한 좋은 신념은 좋은 행동을 자율적으로 할 수 있도록 힘을 준다.

아이들은 아직 이성적으로 판단해 자신을 절제하고 조절할 능력이 부족하다. 당장 눈앞의 흥미를 추구하려 하고, 하고 있던 것을 멈추기 어려워하는 건 어찌 보면 당연하다. 이럴 때 아이가 스스로 시행착오를 겪도록 기회를 주자. 이후 아이가 겪었던 시행착오에 관해 대화를 나누면 된다. 앞으로 어떻게 하면 좋을지 생각해보도록 아이를 끌어주자. 아이가 무엇이 옳은 행동인지에 대해 스스로 고백할 수 있도록 도와주자. 아이는 직접 다짐한 신념을 지키기 위해 행동을 변화시키고자 노력할 것이다.

> **아이:** 아빠 어떡해. 나 또 늦었어. ✦
> 아빠: 어딜 늦었는데?
> **아이:** 친구들이랑 모여서 하준이 생일파티 같이 가기로 했는데….
> 아빠: 넌 매번 왜 그러냐. 미리미리 알람을 맞추든가 해야지.
> **아이:** 아니, 어제 깜박해서. 꼭 가기로 했는데….
> 아빠: 중요한 약속인 걸 아는 애가 그래? 어떻게 할래 이제?
> **아이:** 아빠가 태워주면 안 돼요?
> 아빠: 일단 친구들한테 전화부터 해.

위 대화에서도 아빠는 아이에게 질문하고 있다. 하지만 "뻔히 알면서 왜 그러니?", "그걸 아는 애가 그래?", "왜 진작 안 했어?" 같은 질문은 아이의 마음을 닫게 한다. 아이는 부모의 질문에 어떻게 대답해야 할지 막막하다. 자신의 실수를 이야기했을 때 부모로부터 비난받는 경험이 반복된다면 문제가 생겼을 때 부모에게 털어놓지 않을 확률이 높아진다. 아이에 대한 화와 흥분은 잠시 가라앉히고, 부드럽게 물어보자. "어떻게 하면 좋겠니?", "어떻게 하면 좋을지 아빠와 함께 생각해보자."

아이가 '부모님한테 얘기하면 또 혼만 나겠지? 그냥 혼자 해결하자'라고 생각하는 건 위험하다. 큰 위험에 처했을 때도 부모에게 말하지 못할 수 있기 때문이다. 아이가 '언제든지 우리 부모님은 나를 도와주는 분이야. 내가 잘못을 해도 잘 해결할 수 있도록 끌어주셔. 난 무슨 일이든 부모님과 상의할 거야'와 같이 생각하고 있어야 한다. 아이가 마음을 열어 솔직한 생각과 마음을 털어놓을 수 있게 하자. 그래야 부모에게도 상황에 필요한 말을 해주고 올바른 가치관을 심어줄 기회가 생긴다.

> "지예야, 이 부분은 분명히 개선이 필요하겠구나. 넌 어떻게 해보고 싶니? 지예 의견을 듣고 엄마가 도와줄 수 있는 건 도와줄게."
> "시율아, 분명 너도 그러고 싶지 않을 거야. 그런데 마음대로 잘 안되지? 어떨 땐 속상하기도 할 것 같구나. 어떻게 해보고 싶니? 아빠가 도와줄 부분이 있을까?"

이렇게 말을 해주면 아이는 자신이 문제 해결의 주도권을 갖기 때문에 안정감을 느낀다. 부모에게 도움을 구하거나 조언을 받아들이기도 쉬워진다. 스스로 결정한 걸 책임감 있게 해내려고 노력도 하게 된다.

아이가 자율적으로 일을 해내고 문제를 해결할 수 있도록 주도권을 주는 게 중요하다. 비난과 질책은 잠시 내려놓고 '왜', '어떻게'를 적절히 활용해 질문해보자. 질문에 대답하면서 아이는 스스로 고칠 점을 생각해볼 수 있다. 스스로 고쳐야 할 이유를 찾으면 행동으로 옮기기 쉽다. 자신의 행동이 어떤 부정적인 결과를 가져왔는지 이해하는 것만으로도 충분히 도움이 된다. 자율성과 책임감을 기를 좋은 기회를 놓치지 말자.

TIP **행동을 돌아볼 기회를 주면 자율성이 높아집니다**

다그치는 말	생각할 기회를 주는 말
• "잘하는 짓이다." • "미리미리 준비했어야지." • "친구들한테 화를 내면 어떡해." • "그걸 아는 애가 그래?" • "한 번만 더 이렇게 해봐라."	• "너는 어떤 생각을 했어?" • "정말 하고 싶었던 건 뭐야?" • "그때로 돌아간다면 어떻게 하고 싶어?" • "어떻게 바꿔보고 싶니?" • "도와줄 부분이 있을까?"

적절한 '안 돼' 사용 설명서

"속상하지? 하지만 떼쓴다고 엄마가 들어줄 순 없어"

훈육의 궁극적인 목적은 아이가 올바른 행동을 하는 데 있다. 아이에게 배움이 일어나려면 반복이 필요하다. 올바른 행동에 대한 이미지를 머릿속에 그릴 수 있도록 여러 번 말해야 한다. "뛰면 안 돼"보다는 "천천히 걸어야 해"를 여러 번 반복해서 말하는 게 더 좋다. 되도록 긍정적인 이미지가 그려지도록 표현하는 게 좋지만 급하게 제지해야 하는 상황, 따끔하게 일러주어야 할 상황도 생긴다. '안 돼'라는 말이 필요한 순간에 적절한 방식으로 표현하는 방법을 익혀야 하는 이유이다. "~하지 마", "~하면 안 돼"라는 말을 잘 사용하기 위한 원칙을 기억해두자.

"안 돼! 당장 그만 못 해?"

"자꾸 이러면 다시는 여기 안 올 줄 알아!"

"너 누구한테 배웠어? 누가 그러래."

"하지 말라고! 계속할 거면 나가!"

"그러다가 큰일 나지. 네 맘대로 한번 해봐."

"매번 이렇게 엄마가 화를 내야 말을 들을래?"

"너 지금 나이가 몇 살인데 이렇게 떼를 써?"

아이가 해서는 안 되는 행동을 할 땐 당연히 훈육할 수 있다. 하지만 위와 같은 말은 아이의 성장에 별 도움이 되지 않는다. 직장 상사가 당신에게 "그럴 거면 회사를 왜 나옵니까?", "지금 몇 년 차인데 이 정도밖에 못 합니까?"와 같이 말한다면 어떨까. 상처 입은 마음을 정리하느라 업무에 집중하는 게 어려울 것이다. 명령하는 말, 협박하는 말투, 설교식의 대화, 비교하고 비난하는 말 등은 감정을 상하게 한다. 감정을 상하게 하는 말은 훈육 과정에서 피해야 하는 말이다.

'안 돼'를 제대로 사용하기 위한 첫 번째 원칙은 부모의 감정을 없애고 말하는 것이다.

두 번째 원칙은 명확하게 말하는 것이다. "너 누구한테 배웠어? 누가 그러래", "그러다가 큰일 나지. 네 맘대로 한 번 해봐", "그럴 거면 나가!" 같은 말들은 모호하다. 아이 입장에서는 부모의 의도를 알아차리기 어렵다. 부모의 눈치를 보며 말을 해석하는 데 에너지를 쏟게 된다. 간혹 의도를 잘못 해석해 부모 마음에 들지 않는 대답을 하면 부모의 화만 더 돋우게 된다. 이런 경우 아이는 참 억울하다. '누구한테 배웠냐고 해서 형이라고 대답했는데', '네 맘대로 해보라고 해서 했는데', '그럴 거면 나가라고 해서 나갔는데'와 같이 생각할 수 있다. 아이가 해서는 안 되는 행동을 정확히 배우도록 명확하게 말해야 한다.

"여기선 뛰면 안 돼", "만지면 안 되는 거야", "소리 지르면 안 되는 거야", "속옷과 양말은 매일 갈아입는 거야", "양치는 밥 먹고 나면 꼭 해야 하는 거야"와 같이 명확한 표현으로 규칙을 안내하는 것이다. 구체적이고 단호할 때 이해가 쉽다.

특히 어릴수록 명확하게 금지의 말을 표현하자. 어릴수록 스스로 자제하는 게 어렵다. 무엇이 더 나은 행동인지 기준을 설정하기 어려우므로 부모의 명확한 표현이 필요하다. 다만, 무섭게 말하면 아이는 깜짝 놀라거나 불안할 수 있다. 무섭지 않은 표정으로, 너무 크지 않은 목소리로 분명하게 말하자.

세 번째 원칙은 감정은 받아주되 단호하게 말하는 것이다.

"마음이 안 좋구나. 울고 싶으면 울어도 돼. 하지만 아무리 울어도 이건 안 되는 거야."

"속상하지? 그런데 떼쓴다고 엄마가 들어줄 순 없어."

"불편하구나. 그래도 지금 나갈 수는 없어. 일이 다 끝나야 나갈 수 있어. 기다려야 해."

아이의 힘든 감정은 위와 같이 알아주면 된다. 그리고 감정에 휩싸이지 않은 담담한 목소리로 안 된다고 말해주자. 아이가 부모의 단호한 말을 받아들인다면 다음과 같이 긍정적으로 피드백을 주면 된다. "네가 조용히 기다려주니까 엄마가 은행 업무 보기가 훨씬 쉽네. 고마워."

아이가 공공장소에서 떼를 쓴다면 주의를 준다. 낮고 단호한 목소리로 "안 돼. 오늘은 꼭 사야 할 것들만 사기로 했어. 네가 계속 시끄럽게 하면 집으로 가야 해"라고 하자. 그래도 떼를 쓴다면 그 장소를 벗어나야 한다. "오늘은 장을 못 봤지만, 집에 가야겠다"라고 말하고 집으로 가야 한다. 계속 시끄럽게 하면 집으로 간다는 말도 일종의 약속이다. 해서는 안 되는 행동에 대해 부모가 단호히 반응하고 말과 행동을 일치시켜야 한다. 아이가 우는 모습에 마음이 아파도 조금만 참자. 이런 경험은 아이에게 스스로 옳은 행동을 깨닫는 기회가 된다.

반대로 적당히 넘어가고 원칙을 어기는 일이 반복된다면 아이는 '내가 떼를 쓰면 엄마 아빠도 어쩔 수 없구나'를 배우게 된다. 감정을 받아준다고 아이의 모든 요구를 지침 없이 들어주면 대인 관계에도 영향을 미친다. 아이가 자신의 요구를 늘 받아주기만 하는 양육자 아래에서 성장한다면 어떻게 될까. 자신의 요구를 들어주는지로 자신을 사랑하는지를 판단하게 된다. 예를 들어 학교에서 교사가 아이의 무리한 요구를 받아들이지 않을 때 '선생님은 나를 싫어해'와 같이 받아들일 수 있다. 친구 관계에서도 상대방의 거절을 받아들이기가 어려워진다. 아이의 대인 관계를 위해서라도 안되는 것은 단호히 훈육해보자.

아이에게 안 된다고 말할 때, 지난 일이나 평소의 태도와 연결 지어 아이를 판단하지 않는 것도 중요하다.

"또 이 모양이네! 방이 이게 뭐니 방이! 뭐 하나 제대로 하는 게 없어!"
→ 어제, 오늘 방 정리를 안 했다고 제대로 하는 게 하나도 없는 사람은 아니다. 방 정리하는 습관을 아직 기르지 못했을 뿐이다. 아니면 방 정리를 막 하려던 참이었을 수도 있다.

"또 또! 또 그런다! 이번에도 약속 안 지켰지? 네 그럴 줄 알았다."
→ 약속을 몇 번 못 지켰다고 아이에게 '난 널 불신하고 있어'라는 메시지를 주는 건 가혹하다. 아이 입장에서 굉장히 어려운 약속이었을 수 있다.

과거에 아이가 잘못했던 일을 오늘의 잘못과 연결 지어 단죄한다면 아이는 억울함을 느낄 것이다. 문제가 되는 아이의 행동과 습관을 개선하려면 방금 일어난 상황에 대해서만 얘기를 나누는 게 좋다. 지적에서 멈추는 게 아니라 개선 방향을 제시해주는 게 필요하다.

"방 정리를 못 했네. 어떤 것부터 제자리에 두면 좋을까? 스스로 정리하기 어려우면 엄마가 방법을 다시 알려줄게."

아이의 행동이 부모의 속을 긁어놓아 화가 치민다면 부모의 욕구와 감정을 표현하자.

"아빠가 퇴근하고 오면 몸과 마음이 피곤한 상태야. 쉬고 싶은데 물건들이 바닥에 흩어져 있는 걸 볼 때마다 일거리가 생긴 것 같아서 화가 나고 지치네. 방은 저녁 식사 전까지 치워줄 수 있겠니?"

아이에게 적절한 금지의 표현을 통해 행동을 멈추게 했다면 정말 부모로서 잘한 것이다. 하지만 아이가 문제 되는 행동을 멈춘 것에 그쳐서는 안 된다. 그 행동이 바람직하지 않은 이유도 알려줘야 한다.

이를 위해서는 그 행동이 주변에 미치는 영향에 대해 아이와 대화를 나누면 된다. 이러한 과정을 통해 나 중심의 사고를 넘어 타인을 헤아리는 배려심을 키울 수 있다. 앞으로 같은 상황에 맞닥뜨린다면 어떻게 행동할지 물어보고 아이 스스로 생각할 기회를 주자.

엄마: 수현아. 엄마가 뛰는 걸 멈추라고 했을 때 멈춘 건 정말 잘한 ✦
일이야. 그런데 엄마가 왜 멈추라고 했을까?

아이: 잘 모르겠어요. 놀이터에서는 점프해도 되잖아요.

엄마: 아까 수현이가 타고 있던 흔들다리에는 다른 친구들도 올라가
있었어. 수현이가 흔들다리에서 심하게 점프하면 다른 친구들
은 어떤 기분일까?

아이: 무서울 수도 있을 것 같아요.

엄마: 그래 맞아. 무서울 거야. 수현이는 다음에 흔들다리에서 어떻
게 놀래?

아이: 음… 친구들이 오는지 보고 천천히 건너가야겠어요.

엄마: 정말 좋은 생각이다.

캐나다 핼리팩스의 NSHANova Scotia Health Authority 연구진은 부모
의 불안을 연구했다.* 연구 결과, 부모의 불안은 자녀에게 전이될
가능성이 매우 컸다. 위와 같이 안전과 관련된 상황에서 금지하는
말을 할 때 불안한 표현은 절제해야 한다. 불안감이 높아지면 오히
려 다칠 위험이 클 수 있다.

"너 그러다가 흔들다리에서 떨어진다!" "친구들이 넘어지면 어
떡하려고 그래!"

이렇게 불안한 상상은 말에서 빼버리고 다음과 같이 말해주자.

"너무 세게 뛰면 안 돼." "흔들다리에서는 천천히 걸어야 하는
거야."

아이의 잘못된 행동을 바로잡는 데는 시간이 필요할 수 있다.

인내심을 갖고 반복해서 안 되는 것을 알려주자. 안 되는 건 안 된다고 가르치자. 부모의 말에 아이가 두려움에 휩싸여 제대로 배우는 기회를 놓쳐서는 안 된다. 격한 감정은 내려놓고 아이에게 명확하고 단호하게 요구하는 행동을 말하자. 안 되는 이유에 대해서도 대화를 나눠 아이가 더욱 성장할 수 있도록 길을 열어주자. 아이는 안 되는 행동에 대한 올바른 기준을 가진 성인으로 성장할 것이다.

TIP "안 돼"라는 말은 이렇게 사용해주세요

올바른 금지 표현 사용 원칙	금지 표현을 할 때 주의할 점
1. 감정을 제거하고 말하기 2. 요구되는 행동을 명확하게 말하기 3. 감정은 받아주되, 단호하게 말하기	1. 지난 일과 연결지어 말하지 않기 2. 해서는 안 되는 이유에 관해 대화하기 3. 불안한 상상의 표현은 빼고 말하기

3-5

아이가 실수하거나 실패했을 때

"잘 못해도 괜찮으니 다시 한번 해볼까?"

오노 마사토의 《실패 도감》은 2년 연속 일본 아마존 베스트셀러에 올랐던 책이다.* 이 책은 촌스럽다는 말을 들었던 코코 샤넬, 자신이 만든 회사에서 퇴출당했던 스티브 잡스, 도박 중독이었던 도스토옙스키 등 유명한 인물들의 실패담을 재미있게 설명하고 있다. 이들은 실패에서 멈추지 않았다. 스스로의 행동을 인정하고 책임지며 다음 상황에서 더 나은 선택을 했다. 우리 아이도 실수와 실패를 마주했을 때 낙담하거나 포기해서는 안 된다. 실수와 실패를 발판 삼아 자율성을 가진 아이로 성장해야 한다. 실수와 실패를 잘 겪게 도와주려면 부모에게 말의 기술이 필요하다.

집에 돌아온 아이가 숙제가 있다고 했다. 엄마는 아이의 선택을 존중하고 스스로 책임지도록 돕기 위해 강요하지 않겠다고 다짐했다. 그런데 저녁 식사 후에도 아이에게서 숙제할 기미가 보이지 않는다.

> 엄마: 아까 숙제 있다고 했지? ✦
> 아이: 네.
> 엄마: 언제 할 계획이니?
> 아이: 1시간만 놀고 할 거예요.
> 엄마: 그래, 그럼 8시에 하면 되겠네. 알겠어.

8시가 지나도 숙제를 하지 않는 아이를 보며 엄마는 답답해진다. '저러다가 나중에 졸려서 숙제 못 하는 거 아니야?' 싶은 생각도 들지만 잔소리하고 싶은 마음을 꾹 참는다. '자신의 선택에 책임지는 것도 배워야지' 하고 마음을 가다듬는다. 그런데 밤 10시가 넘어 아이가 하품을 해대는 걸 보니 욱하고 화가 올라온다.

> 아이: 아 졸려. ✦
> 엄마: 너 그럴 줄 알았다. 8시에 한다고 해놓고 한참을 미루더니. 이제 졸려서 어떻게 숙제할래? 당장 놀던 거 정리하고 숙제 꺼내서 해. 기회를 주면 이런 식이지, 어휴.

아이 스스로 선택하고 판단하고 결정하는 경험은 자율성 향상에 매우 중요한 역할을 한다. 하지만 때로는 위 상황에서처럼 아이가 좋지 않은 선택을 할 수도 있다. 이럴 때는 아이의 선택이 아이의 안전에 위협이 되거나 타인에게 피해를 주는 수준인지 생각해 보자. 그런 수준이 아니라면 선택의 결과를 그대로 경험하도록 하자. 오늘 이 숙제를 다 해내는 것보다 자율성과 책임감을 배우는 게 더 중요하다. 아이의 선택이 실패로 느껴져도 조급해하지 말자. 실패에 책임지는 경험을 통해 아이는 다음번에 더 나은 선택을 할 수 있다.

> **아이:** 아 졸려.
> **엄마:** 이제 자려고? 숙제는? (간단하게 짚어주기)
> **아이:** 벌써 10시네. 아… 어떡하지. 아까 할 걸 그랬어요.
> **엄마:** 어떻게 하면 좋겠어? (스스로 책임질 방법을 생각하도록 질문하기)
> **아이:** 지금은 무지 졸려서 못하겠고 내일 아침에 할래요.
> **엄마:** 그래. (아이의 선택을 존중하기)
>
> (다음 날 아침)
> **엄마:** 서현이가 숙제하고 있구나. (칭찬이나 비난을 할 필요 없이 담담히 상황을 말해주기)

위와 같이 간단하게 아이가 놓친 부분을 짚어주면 된다. 스스로 책임질 방법을 찾도록 물어보자. 스스로 책임지는 행동을 하는 것은 당연하다. 아이도 이를 당연한 것으로 받아들일 수 있도록 과한 칭찬은 할 필요가 없다. "으이구, 그러게 어제 좀 하지"와 같은 비난을 하지 않아도 된다. 이미 아이도 스스로 깨닫고 있기 때문이다. 아이가 잘못된 선택을 하거나 실수했을 때 비난하는 것도 위험하지만 엄마가 지나치게 개입하는 것도 좋지 않다. 다음의 대화를 보자.

> 아이: 아 졸려. ✦
> 엄마: 너 그럴 줄 알았다. 8시에 한다고 해놓고 한참을 미루더니. 숙제 못 해가면 선생님이 뭐라고 생각하시겠어. 빨리 가져와. 엄마가 해줄게.

부모가 대신 해결해주려는 마음은 왜 생길까? 부모 마음이 불편하기 때문이다. 내 아이가 교사에게 혼날 것을 생각하면 내가 혼나는 것같이 마음이 불편하다. 숙제를 제때 해결하지 못해 불안해하는 아이를 보는 것도 힘들다. 결국엔 부모가 대신 아이의 어려움을 빨리 없애주고 싶어진다.

"엄마가 해줄게"라는 말을 반복해서 들을 때 아이는 어떤 생각이 들까. '내가 좀 미뤄도 엄마가 해주겠지'와 같은 생각이 든다. 이는 아이가 스스로 책임지는 것을 가로막는 것이다. 많은 양육자가 자신이 하는 것이 더 빠르고 손쉬워 대신 문제를 해결하고자 한다. 아이가 자신 앞에 닥친 문제를 스스로 해결하도록 기회를 주어야 한다. 서투르고 답답해 보여도 자신의 힘으로 이겨내도록 지커봐야 한다. 시행착오와 실패를 겪다 보면 스스로 방법을 찾으려는 태도를 갖출 수 있다.

숙제를 못 해가면 아이는 스스로 민망한 상황을 견뎌야 한다. 친구에게 도움을 요청하거나 학교에 남아서 숙제를 해야 할 수도 있다. 아이가 자야 할 시간에 자지 않았다면 다음날 피곤함을 느낄 것이다. 이렇게 행동의 결과를 직접 겪으면 나은 행동을 해야 할 이유를 깨닫게 된다.

부모의 역할은 선택의 결과를 아이가 직접 겪은 후, 더 나은 행동에 관해 대화를 나누는 것이다. 대체할 행동을 알려주고 아이와 함께 규칙을 정하면 된다. 그러나 한 번 겪었다고 바로 행동이 바뀌기는 어렵다. 여러 차례 반복하는 걸 당연하다고 생각해야 한다. "이게 대체 몇 번째니?", "엄마가 몇 번을 말했니?" 대신 "아직 어려울 수 있어. 다시 한번 해보자"와 같이 격려해주자.

신임 교사로 발령받았을 때 비교적 수월한 업무와 학년을 배정받았다. 지금은 수월하다고 말할 수 있지만, 당시에는 하루하루가 버거웠다. 모든 게 처음 경험하는 것이기 때문이다. 잘하고 싶은데 마음처럼 잘되지 않고 이게 맞는 것인지 걱정도 되고 늘 부담을 느꼈다. 아이들도 그렇다. 친구 관계도, 생활습관도, 자신을 조절하는 일들도 하나하나 처음 경험하는 것들이다. 많은 실패를 경험하게 되는 건 당연하다. 이때 아이들에게 필요한 건 격려이다. "다음에 다시 하면 돼"라는 말은 큰 힘이 된다.

아이가 색연필을 사용하다가 부러뜨린 상황을 살펴보자. 아이의 실수에 이렇게 격려할 수 있다.

격려하지 않는 말	격려해주는 말
"조심하랬잖아!"	"괜찮아. 누구나 실수할 수 있어."
"어쩌다가 이랬어."	"색연필이 왜 부러진 걸까?"
"됐어. 변명하지 마."	"손에 쥔 채로 힘이 들어가서 부러진 거였구나."
"부러진 거 붙이게 테이프 갖고 와!"	"어떻게 하면 좋을까?"
"엄마가 해줄 테니 기다려."	"천천히 해도 돼. 네가 직접 붙여봐."
"다음엔 조심성 있게 써!"	"어떻게 하면 부러뜨리지 않고 쓸 수 있을지 생각해볼까?"
"또 부러뜨리기만 해봐라."	"이번에 좋은 것 배웠다."

실수와 실패에 대한 격려는 특히 걱정과 두려움이 많은 아이에게 필요하다. 실패에 대한 두려움이 크다면 주저하는 성향이 생길 수 있다. 두렵다 보니 잘할 수 있는 것만 하려고 하고 실수할 것 같은 건 시도조차 하지 않게 된다. 이러한 성향의 아이들은 잘하고 싶은 마음이 큰 아이들이다. 이런 경우 좀 더 섬세한 격려가 필요하다. 아이가 여러 차례 시도한 끝에 잘 해냈다면 애쓴 과정을 칭찬하면 된다.

"잘하고 싶은데 뜻대로 안 되어서 정말 속상하겠다."
"잘 못 해도 괜찮으니 다시 한번 해볼까?"
"엄마랑 같이해볼까?"

"아빠도 어릴 때 이건 잘 못했어."

"여러 번 도전하더니 드디어 성공했구나."

"찬이가 스스로 해냈구나."

아이에게 이러한 성공 경험은 매우 중요하다. 조금 실수를 해도 혼자 해보도록 기회를 주자. "잘해야 해"라는 기준을 버리고 "편하게 한번 해봐"라는 기준을 갖고 말해주자. 서툴러도 직접 친구 선물을 포장해보는 것, 오래 걸려도 스스로 거실을 정리해보는 것, 자신과의 약속을 잘 지키지 못해도 다시 도전해보는 것. 이러한 경험을 통해 '어! 나도 해냈네'라는 생각이 쌓이고 또 쌓이면 실수와 실패를 해도 스스로 책임지고 겪어낼 수 있다는 자신감을 얻게 된다.

실수와 실패를 반복하는 건 당연하다. 아이의 반복되는 실수를 두고 다그치지 않고 격려하며 가르쳐주자. 잘못된 선택을 했다면 그에 따른 실패를 경험하도록 지켜보자. 자신의 행동에 관한 결과를 스스로 책임지고 겪어야 한다. 이후 아이와 더 나은 행동에 관해 대화할 기회를 만들면 된다. 자신의 행동에 책임지는 경험, 자율적으로 선택해보는 경험, 반복되는 실수에도 격려를 받고 결국 해내는 경험 등은 아이의 자율성을 길러주는 밑바탕이 될 것이다.

4장

vvvvvvvvvvvvvv

아이의 자존감을
키우는 부모의 말

양육자로부터 존중받을 때 자존감은 높아지고 안정됩니다.
아이의 실수를 대하는 태도가 중요합니다.
아이에게 작은 성공 경험이 반복될 수 있도록 격려해주세요.
아이가 노력한 과정을 칭찬해주세요

∨ ∨ ∨ ∨ ∨ ∨ ∨ ∨ ∨ ∨ ∨ ∨ ∨ ∨

"실패한다고 해도 괜찮아. 다시 도전하면 되니까."
"네가 도와주니 훨씬 수월하다, 고마워."
"매일 시간을 정해 연습했던 보람이 있구나. 대견하다."

신뢰와 격려의 말이 자존감을 높인다

"엄마는 언제나 네 편이야. 너 자신을 믿어보렴"

자기 자신을 존중하는 마음을 자존감이라고 한다. 많은 연구를 통해 자존감이 인생을 살아가는 데 큰 영향을 미친다는 것이 알려져 있다. 자존감이라는 키워드는 세월이 흘러도 자녀 교육에서 빠질 수 없는 중요한 부분이다. 자존감을 키우는 데 부모의 말은 결정적인 역할을 한다. 아이에 대한 신뢰의 표현은 아이에게 당당히 도전할 힘을 가져다준다. 결과와 관계없이 언제나 아이를 지지하는 부모의 격려는 자존감을 키우는 자양분이다.

닉 부이치치Nick Vujicic는 우리나라에도 잘 알려진 강연가이자 목사로 지체장애인들을 위한 기관인 사지없는인생Life of Without Limbs의 대표다. 그는 팔다리가 없는 지체장애인으로 태어났다. 여덟 살부터 자살을 생각할 정도로 심한 우울증에 빠졌던 그가 힘을 얻고 새롭게 시작할 수 있었던 배경엔 부모가 있었다. 그의 부모는 닉과 눈을 마주치며 늘 "잘했다. 우리는 네가 자랑스러워", "넌 누구와도 함께 놀 수 있단다", "넌 비장애인과 같지만 몇 가지 사소한 신체 부위가 없을 뿐이야"와 같이 말해주었다.

자신의 모습을 있는 그대로 받아들이며 진정으로 사랑하게 된 닉 부이치치. 그는 높은 자존감을 바탕으로 전 세계 많은 사람에게 긍정적인 영향력을 끼치고 있다.

자존감이 안정된 사람일수록 대인 관계가 원만하며 쉽게 위축되지 않는다. 실패하더라도 마음이 쉽게 무너지지 않고 다시 도전할 수 있다. 자기 자신이 잘못하거나 실수한 일에 대해서도 당당하게 인정할 수 있다. 자신의 가치에 대해 확신이 있기 때문에 다른 사람과 비교하려 들지 않는다. 자신의 능력, 감정, 생각 등에 대해 있는 그대로 인정할 수 있다는 뜻이다. 자신을 긍정적으로 보는 아이는 세상도 긍정적으로 볼 수 있다.

자존감이 낮은 아이들은 어떨까. 자존감이 낮다는 건 자신의 가치를 낮게 여기고 스스로를 가련하게 여기는 경향이 있다는 것을 의미한다.* 자신의 가치를 낮게 여기니 '내가 한다고 되겠어'와 같이 부정적인 생각을 하기 쉽다. 교육 현장에서 아이들을 관찰해보면, 자존감이 낮은 아이들은 다른 사람들의 장점을 잘 인정하지 않는 경향도 있다. 남을 비난하거나 지적하는 말을 쉽게 한다. 다른 사람과 쉽게 비교하고, 자신의 잘못을 인정하기가 쉽지 않다.

쉽게 욱하는 경향도 보인다. 아이의 자존감이 흔들리면 이처럼 아이의 삶도 흔들린다. 아이가 있는 그대로의 자신을 받아들이고 사랑하려면 어떻게 해야 할까.

가장 먼저 기억할 것은 '존중'이다. 양육자로부터 존중받을 때 자존감은 높아지고 안정된다. 부모의 의견에 대해 반박하며 아이가 생각을 이야기하는 상황을 떠올려보자. "어디서 말대꾸하고 있어! 아빠 말대로 해!"라는 말보다 "아빠한테 하고 싶은 말이 있구나. 그렇더라도 아빠 말을 먼저 경청해주겠어? 그다음 네 의견을 말해주면 좋겠구나"와 같이 말할 때 존중하는 마음이 전달된다. 닉의 부모도 닉의 가치를 인정해주는 대화를 통해 존중과 사랑의 마음을 전했다. 대화를 통해 존중받은 경험은 아이가 스스로를 가치 있게 여기는 데 자양분이 된다.

> **아이:** 엄마, 사장님한테 그거 있는지 물어봐 주세요. ✦
> **엄마:** 네가 직접 여쭤봐.
> **아이:** 엄마가 해주세요.
> **엄마:** 직접 해. 이런 말도 못 하면 어떡해. 사장님께 가자.
> **아이:** 싫어요. 못 한다고요.
> **엄마:** 어이구, 언제 클래. 한 번만 엄마가 해줄게.

대화 속 아이는 낯선 사람에게 말 거는 걸 어려워하고 있다. 답답한 마음에 다그치니 아이는 위축된다. 스스로 할 수 없다는 생각이 들면서 자존감도 떨어진다. 아이를 키우다 보면 아이가 잘 못하는 것에 초점을 맞추기 마련이다. 되도록 못 하는 것보다 아이가 지금 할 수 있는 것에 초점을 맞춰야 한다. "재영아, '안녕하세요' 하고 인사만 한 번 도전해보는 건 어떨까?", "아빠랑 같이 뭐라고 말하면 좋을지 연습해볼까?"와 같이 지금 할 수 있는 것부터 시작하도록 돕는 게 좋다.

> **비난** "이것도 못 하면 어떡해." → "괜찮아. 지금은 어려울 수 있어. 같이 연습해보자."
>
> **비교** "다른 애들은 할 수 있지?" → "각자 배우는 속도가 다른 거야."
>
> **무시** "아빠는 너만 할 때 다 했다." → "아빠도 처음엔 어려웠어."
>
> **방관** "어쩔 수 없지. 그냥 하지 마." → "아빠가 어떻게 도와주면 좋을까?"

아이가 어려워하는 부분을 발견했을 때, 아이의 모습을 있는 그대로 받아들이자. 아이의 성장을 신뢰하고 지지하는 부모의 마음을 표현해야 한다. 부모로부터 충분한 응원을 받는 아이는 자기 자신을 신뢰하게 된다. 나약하고 부족한 자신의 모습을 마주하더라도 극복할 힘이 생긴다.

평상시에는 아주 사소한 거라도 아이가 잘 해내고 있는 부분을 자세히 말해주는 게 좋다. "엄마가 카트를 밀 때 같이 밀어줘서 고마워", "가게에서 물건이 있는 위치를 잘 기억하고 있구나", "우유

담는 것도 도와줄 만큼 힘이 세졌구나"와 같이 사소한 내용도 아이가 긍정적인 자아상을 갖는 데 도움이 된다.

하버드대학 심리학과 교수였던 로버트 로젠탈Robert Rosenthal은 샌프란시스코의 한 초등학교에서 지능검사를 했다. 담임교사에게는 지능이 높은 아이들의 명단을 알려주었다. 8개월 후 다시 검사했을 때 명단에 오른 아이들의 지능이 다른 아이들보다 더 높게 나왔다. 놀라운 결과였다. 담임교사에게 준 명단의 아이들은 실제 지능이 높은 아이들이 아닌, 무작위로 선정된 아이들이었기 때문이다. 칭찬과 긍정적인 기대감이 실제 상대에게 유의미하게 전달되는 것을 '로젠탈 효과Rosenthal Effect'라고 한다.

자녀를 신뢰하는 부모의 말, 실패에도 흔들리지 않도록 격려하는 말들은 아이의 자존감을 높여준다.

"넌 가능성이 충분한 아이야."
"엄마는 언제나 네 편이야. 너 자신을 믿어보렴."
"바른 자세로 앉아 있구나. 무엇이든 배울 수 있는 자세가 잘 갖춰져 있어."
"공룡을 잘 알고 있구나. 무언가를 파고드는 힘을 갖고 있네."

다만, 아이의 입장을 고려하지 않고 일방적으로 격려하는 건 오히려 자존감을 떨어뜨릴 수 있다. 내 동생은 대학에서 미술을 전공했다. 어린 시절 함께 그림을 그리면 다섯 살 어린 동생의 그림이 나의 것보다 월등히 나았다. 내가 속상해할까 걱정한 할머니는 가끔 "네가 훨씬 잘 그려", "넌 뭐든 잘할 수 있어"와 같이 말씀해 주셨다. 하지만 할머니의 격려와 내 실제 실력 사이에는 갭이 굉장히 커서 격려를 받아들일 수 없었다.

아이는 '무엇이든 잘할 수 있어'라는 격려를 '무엇이든 잘해야 해'로 받아들일 수 있다. 기대에 미치지 못하는 결과가 나오면 반대로 실망하고, 자신을 비하할 수 있다. 무턱대고 격려하지 말고, 아이의 부족한 부분을 인정해주면서 장점을 격려해주자.

아이의 부족한 부분을 격려해준다는 건 어떤 걸까. 아이의 연약한 부분, 실패를 거부하지 않고 있는 그대로 받아들이는 것이다. 미국의 심리학자 로널드 로너 교수의 연구에 따르면, 부모의 거절은 아이의 인성에 오랫동안 부정적인 영향력을 미친다고 한다.** "넌 실패할 애가 아니야. 무조건 성공해야 해"와 같은 말도 아이의 실패를 거절하는 말이다. 다음과 같은 말로 아이의 실패도 수용해야 한다.

"실패해도 괜찮아. 누구나 실수할 수 있어."
"실패한다고 다 끝난 건 아니야. 실패에서도 배울 점이 있어."
"어떤 결과가 나와도 엄마 아빠는 실망하지 않아."

부모는 내 자녀의 '있는 그대로의 모습'을 사랑한다. 아이도 자신의 '있는 그대로의 모습'을 사랑할 수 있도록 도와야 한다. 있는 그대로 내 아이를 사랑하는 부모의 마음이 자녀에게 그대로 전달된다면 자녀 또한 자신을 있는 그대로 사랑할 수 있다. 이 마음은 신뢰와 격려의 말로 전달된다. 부모가 성장 과정에서 이러한 말을 자주 들어보지 못했다면 말하는 게 어려울 수 있다. 다음의 문장을 마음에 간직하고 아이를 바라보자.

당신은 괜찮은 부모입니다.
누구나 아이를 키우며 실수할 수 있습니다.
세상에 완벽한 부모는 없으니까요. 몇 번의 실패에 낙심하지 마세요.
당신의 아이는 건강하게 잘 성장할 것입니다.

TIP **좌절시키는 말 vs 자존감을 키워주는 말**

좌절시키는 말	자존감을 키워주는 말
• "넌 이것도 못하니?" • "동생도 하는 걸 형이 되어 가지고." • "진작 이렇게 할 것이지." • "절대 실패해선 안 돼."	• "좀 어려웠지? 괜찮아. 차근차근 배우자." • "사람마다 배우는 속도가 다르단다." • "바르게 푸는 법을 터득했네! 기특하다." • "실패한다고 해도 괜찮아. 다시 도전하면 되는 거니까."

작은 성취의 힘

"네가 도와주니 훨씬 수월하다. 고마워, 아들"

미국의 심리학자 데이비드 맥클랜드David C. McClelland가 연구한 '성취동기Achievement Motive' 이론에 따르면, 성취의 경험을 쌓는 것은 매우 중요하다. 어려운 일을 해내는 경험, 혼자서 성취해보는 경험, 스스로 무언가를 관리해보는 경험 등을 통해 자부심이 높아진다고 한다. 작은 성공 경험들이 쌓이면 자존감과 자신감을 얻게 된다. 예를 들면 스스로 옷을 입고 싶어 할 때 시간이 걸려도 기다려주는 것, 조금 서툴러도 설거지할 기회를 주는 것과 같은 작은 경험들을 의미한다.

학급에 손톱을 계속 물어뜯는 아이가 있었다. 손톱을 물어뜯다 보니 피가 나기도 해서 종종 반창고를 붙여달라고 내게 왔다. 아이와 상담을 하던 날, 이렇게 말을 했다.

> **교사:** 손가락 끝에 붉은빛이 도는 게 많이 아플 것 같아. ✦
> **학생:** 네. 엄청 따가워요.
> **교사:** 너도 그러고 싶지 않을 텐데. 자꾸 손톱을 뜯게 되지?
> **학생:** 네.
> **교사:** 아파서 멈추고 싶은데 뜻대로 되지 않아서 속상할 것 같아. 수영이는 어떻게 하면 좋을 것 같아? 선생님이 도와줄 부분이 있다면 도와줄게.
> **학생:** 제가 계속 물어뜯고 있으면 눈빛으로 신호를 보내주세요.
> **교사:** 그래. 수업 중에 선생님이 보게 되면 신호를 줄게. 조금씩 고쳐보자.

"너 지저분하게 왜 손톱을 물어뜯어. 선생님이 볼 때마다 얘기해줄 테니까 꼭 고쳐"와 같이 얘기했다면 교사가 문제 해결의 주체가 된다. 위의 대화에서는 어떻게 이 문제를 해결하면 좋을지 아이에게 질문했다. 이는 문제 해결의 주체로 아이를 존중하고 있다는 의미이다. 아이는 스스로 선생님에게 눈빛을 보내달라는 해결법을 떠올렸다. 선생님이 신호를 보내면 행동을 멈추기로 약속한 것이다. 아이에게 주도권이 있으니 아이 입장에서도 쉽게 받아들일 수 있다. 스스로 문제를 해결하는 방법을 찾는 것도 작은 성취의 경험이라고 볼 수 있다.

아이 스스로 문제 해결을 위한 규칙이나 약속을 제안하고 실천해보는 경험은 아이의 자존감을 키우는 데 매우 중요하다. 부모는 여러 상황에서 아이와 규칙을 정하고 약속을 한다. 이때 가장 중요한 것은 아이와의 합의를 통해 지킬 수 있는 약속을 정하는 것이다. 아이는 약속을 어길 때 죄책감을 느낀다. 스스로를 비난하는 상황이 반복되면 자존감에 생채기가 난다. 부모는 약속을 어긴 아이를 보며 쉽게 비난하거나 '이러면 저건 못 해'와 같이 협박을 한다. '언제까지 해놔'와 같이 일방적으로 약속을 정하기도 한다. 반복적으로 타율적인 상황에 놓이면 자존감은 떨어지고 만다.

아이들은 순간을 모면하려고 지키기 힘든 약속을 할 때도 잦다. 아이의 특성을 이해하고 약속을 지킬 수 있도록 도와야 한다. 약속하고 그것을 지킨 경험이 쌓이는 게 중요하다. 아이 의견을 수용한 약속을 만들면 아이는 책임감을 느끼고 지키기 위해 애를 쓴다. 스스로 약속에 대한 책임감을 느끼도록 하는 게 약속을 잘 지키게 하는 지름길이다. 아이에게 "~하기 위해서 ~는 어떻게 하면 좋겠어?"와 같이 질문해보자. 지킬 수 있을 만한 현실적인 약속을 정해 작은 성취의 경험을 쌓아가도록 도와야 한다.

아이: 엄마, 나 저 카드 세트 사줄 수 있어요? 진짜 꼭 필요해요. ✦
엄마: 집에 비슷한 카드 많잖아. 저건 뭐 하러 필요해.
아이: 달라요. 그림이 달라요. 사주세요.
엄마: 글쎄 안 된다니까.
아이: 치. 다른 애들은 다 있는데.
엄마: 다른 애들 있다고 다 사고 싶은 게 말이 돼?

아이가 부모 입장에서 무리해 보이는 요구를 하면 위와 같이 감정싸움으로 번질 수 있다. 아이는 무턱대고 요구를 하고 부모는 단칼에 거절하다 보니 서로 감정이 상할 수밖에 없다. 이런 상황도 성취 경험을 쌓는 기회로 만들 수 있다. 아이에게 부모를 설득하도록 기회를 주는 것이다.

> "왜 이게 필요한지 엄마를 설득해보렴."
> "그걸 해야 하는 이유를 설명해줘. 납득할 수 있다면 허락할게."

이렇게 아이에게 주도권을 주면 아이는 스스로 설득 방법을 모색하며 이유를 찾기 시작한다. 자신의 요구 사항이 적절하지 않다는 것을 깨닫는다면 스스로 한발 물러설 수 있다. 자율적으로 의견을 고친 것이기에 자존감이 상하지 않는다. 아이가 설득하는 내용을 들으며 부모가 걱정되는 부분은 솔직하게 표현하자.

> "엄마는 네가 이 카드를 가지면 카드에 빠져서 숙제나 해야 할 것들을 잘하지 못할까 봐 걱정되네. 이 부분만 해결되면 허락할게. 어떻게 하면 좋겠어?"

아이가 타당한 이유로 부모를 설득한다면 굉장한 성취의 경험을 하게 된다. 이 경험을 통해 아이의 자존감이 높아짐은 물론이다. 다만 주의할 부분이 있다. 설득과 협상이 아닌 부모와의 싸움에서 아이가 이기는 건 자존감에 도움이 되지 않는다. 아이의 고집을 이기지 못해 져주는 상황이 반복된다면 아이의 자존감은 도리어 낮아진다.

부모는 아이의 근원이다. 근원을 흔드는 건 무의식적으로 자존감에 상처를 준다. 무조건 아이 의견을 수용하지 말고 설득의 기회를 주자. 부모가 염려되는 부분이 있다면 아이에게 말하고 아이 스스로 지킬 만한 대책을 찾아 지키도록 하자.

아이: 엄마, 내가 해볼래.
엄마: 저번에도 접시 깨뜨렸잖아. 그냥 둬.
아이: 아, 내가 할래.
엄마: 네가 돕는다고 하는 게 엄마 일 더 만드는 거야. 그냥 놔둬.
아이: 너무해.
엄마: 너무하긴 뭐가 너무해. 너 다칠까 봐 그러지.

위 상황에서 엄마는 아이가 다칠까 봐 걱정도 되고 직접 하는 게 훨씬 빠르므로 아이에게 기회를 주지 않았다. 집안일 돕기, 동생 가르치기 등 아이도 부모에게 도움을 줄 수 있는 일이 적지 않다. 아이가 돕고자 할 때 처음에는 잘하지 못할 가능성이 크다. 행동의 결과를 두고 평가하기보다 아이의 선한 마음을 알고 그 마음을 칭찬해주어야 한다. 아이의 선한 마음이 다치지 않도록 이렇게 말해보자.

"엄마를 도와주려는 아들을 보니 정말 행복하네, 고마워. 그릇이 떨어져서 네가 다치지 않게 엄마가 조금만 도와줘도 될까?"

"엄마 도와주려는 마음이 정말 고마워서 힘이 난다. 엄마도 네가 해주면 좋을 텐데 지금은 손님이 오실 거라 5분 만에 설거지해야 하거든. 설거지 대신 식탁 닦는 걸 도와줄 수 있을까?"

'헬퍼스 하이Helper's High'라는 용어가 있다. 미국의 내과 의사 앨 런 럭스와 페기 페인이 《선행의 치유력》이라는 책에서 설명한 개념 이다.* 이는 남을 돕는 과정에서 기분이 좋아지고 정서적 포만감 을 느끼게 되는 현상을 뜻한다. 실험에 따르면, 남을 도울 때 행복 을 느끼게 하는 호르몬인 엔도르핀이 정상치에 3배 이상 분비된다 고 한다. 아이들도 남을 돕는 경험을 통해 큰 기쁨을 맛보고 자신 이 사람들에게 도움이 되는 존재라는 것을 확신하게 된다. 내가 사 람들에게 꼭 필요한 존재라는 생각은 자존감과 직결된다. 다음과 같은 말을 통해 아이가 선행의 기쁨을 느끼도록 도울 수 있다.

"동생을 도와주려고 애썼구나. 정말 고마워."

"설거지를 도와주니 엄마가 굉장히 수월하다. 고마워."

"친구들과 약속 시간을 지키려고 빨리 준비했네. 기특하다."

"다른 사람들을 위해 봉사하는 마음이 참 아름답구나."

"준비물 못 가져온 친구들에게 나눠주려고 넉넉히 챙기는구나. 기 특하다."

"친구가 못 푸는 문제를 도와줬다고? 정말 잘했네."

우리의 뇌는 새로운 도전에 성공할 때 도파민을 분비하는데, 이 역시 행복감을 느끼게 하는 호르몬이다. 우리는 스스로 정한 목표를 달성했을 때 쾌감을 느낀다. 이 행복한 기억은 새로운 도전을 시작할 수 있게 해준다. 스스로 해냈다는 행복감은 자존감을 키우는 데 도움이 된다. 억지로 해낸 일에 대해서도 도파민이 분비될까? 아니다. 부모의 간섭과 지시로 행동하는 데 익숙해져서는 자존감을 키울 수 없다. 아이 스스로 좋은 행동을 선택할 수 있도록 격려해주는 게 무엇보다 중요하다.

일방적인 말 vs 작은 성취를 돕는 말

일방적인 말

- "또 감기 걸릴라. 아이스크림 좀 그만 먹어."
- "절대 안 돼."
- "그냥 엄마가 할게. 놔둬."
- "당연히 네가 도와줘야지."

작은 성취를 돕는 말

- "건강을 지키려면 아이스크림을 하루에 몇 개 먹는 게 좋을까? 너는 어떻게 하면 좋겠어?"
- "네가 엄마를 설득해보렴. 이유가 적절하다면 고려해볼게."
- "네가 도와주니 훨씬 수월하다. 고마워."
- "동생을 도와줬구나. 정말 고맙다."

독이 되는 잘못된 칭찬 방식
"넌 무조건 잘할 수 있어. 1등 할 거야"

보통 좋은 행동을 할 때 칭찬을 받는다. 아이들은 칭찬을 통해 어떤 행동이 더 나은 행동인지 깨닫게 된다. 시간이 흐르면서 행동을 선택할 수 있는 내적인 기준도 갖춰진다. 부족한 면을 있는 그대로 인정할 수 있는 내적 기준, 실패를 두려워하지 않고 도전할 수 있는 내적 기준이 아이에게 필요하다. 좋은 내적 기준은 올바른 칭찬을 통해 만들어진다. 만약 아이가 잘못된 칭찬 방식에 길들여진다면 스스로를 판단하는 기준에 문제가 생긴다. 부모가 지양해야 할 칭찬 유형 3가지를 알아보자.

피해야 할 첫 번째 칭찬 방식은 노력과 관계없는, 겉으로 드러나는 부분에 대해 칭찬하는 것이다.

캐롤 드웩Carol Dweck 교수 연구팀은 칭찬의 효과를 알아보려고 실험을 했다. 실험에 참가한 초등학생들에게 간단한 문제를 풀게 한 뒤, 두 그룹으로 나눠 각각 다른 칭찬을 했다.

> **지능 칭찬** A 그룹: 똑똑하게 문제를 잘 풀었구나.
> **노력 칭찬** B 그룹: 문제를 풀기 위해 열심히 노력했구나.

지능을 칭찬받은 A 그룹은 이후 이어진 실험에서 쉬운 문제를 고르는 경향을 보였다. 노력에 대해 칭찬받은 B 그룹은 90%가 어려운 문제를 선택했다.

두 그룹 모두 칭찬을 받았으나 확연히 결과가 달랐다. 지능을 칭찬받으면 실패가 두려워진다. 실패하면 내 능력을 뛰어나다고 평가하던 주변 사람들의 기대를 저버리게 되기 때문이다. 실패를 통해 내 능력이 낮다는 게 드러날까 봐 두려워지는 것이다. 반면 노력과 과정을 칭찬받으면 최선을 다하는 과정 자체에 가치를 두게 된다. 결과가 아닌 자신의 노력을 증명하고 인정받고 싶어진다. 아이가 과정에서 기쁨을 얻고 자존감을 키울 수 있도록 도우려면 과정에 대한 칭찬이 필요하다.

A 그룹에 했던 칭찬과 같이 아이의 성격, 능력, 외모 같은 특성에 초점을 맞춘 칭찬에는 어떤 게 있을까. "착하구나", "정말 예쁘게 생겼네", "똑똑하구나", "그림을 참 잘 그리는구나"와 같은 칭찬이 이에 해당한다.

드웩 교수의 실험에서 A 그룹의 아이 중 절반 가까이 되는 학생들이 자신의 성적을 거짓으로 좋게 기록했다. 재능에 대한 섣부른 칭찬은 아이에게 큰 두려움을 준다는 걸 알 수 있는 대목이다. 주변 사람들에 의해 이러한 칭찬을 지속적, 반복적으로 들으면 아이들은 이런 생각을 할 수 있다.

"착하구나." → 계속 착한 행동을 해야 한다는 부담감이 생긴다. 자신의 주장을 내세워야 할 때도 착하기 위해 참아야 한다는 무언의 압박을 느낄 수 있다.

"정말 예쁘게 생겼네." → 항상 예쁜 모습을 지녀야 한다는 부담감이 들 수 있다. 자신의 외모에 엄격한 기준을 갖게 될 수 있다.

"그림을 참 잘 그리는구나." → 그림을 잘 그려야 한다는 압박감을 느낄 수 있다. 주변의 기대감 탓에 좋아하던 그림 자체에 부담을 느낄 수 있다.

"똑똑하구나." → 실패하면 주변 사람들이 무능하게 볼 거라는 두려움이 들 수 있다. 계속 똑똑해 보이기 위해 자신의 수준보다 낮은 과제를 선택하려는 경향을 보일 수 있다.

피해야 할 두 번째 칭찬 방식은 과한 기대를 담아 칭찬하는 것이다.

아이: 아빠, 너무 무서워서 못 들어가겠어요.

아빠: 하나도 무서울 거 없어. 그냥 들어가. 넌 할 수 있어.

아이: 너무 무서운데….

아빠: 무섭긴 뭐가 무서워. 너라면 꼭 해낼 거야. 아빠 아들인데 이 정도는 해야지.

아이: 공이 진짜 빨라요. 안 할래요.

아빠: 해보지도 않고 뭘 그래. 넌 진짜 잘할 수 있다니까? 자신감 가져.

아빠는 아이를 격려하고 싶은 마음이었을 것이다. 그러나 아이 입장에서 생각해보면 아빠의 기대감이 큰 부담으로 전달되었다. 때로는 두려움이 있는 아이에게 힘을 실어주기 위해 "잘할 수 있을 거야"와 같이 격려를 보낼 수 있다.

하지만 과한 기대가 담긴 말을 지나치게 자주 사용한다면 아이는 실패에 대한 두려움을 가질 수 있다. '엄마 아빠는 이렇게 기대하고 있지만 난 할 수 없을 것 같은데, 실망하시겠지?', '이렇게 기대하는데 못 하면 어떡하지?'와 같은 걱정이 든다.

학급에 미술 시간을 유난히 싫어하는 아이가 있었다. 색칠을 좀 하다가 잘 안 된 것 같은 생각이 들면 짙은 색 크레파스로 덧칠해 그림을 지워버렸다. 충분히 색칠을 완성할 만큼 소근육이 성장한 아이였으나 만들기나 그리기 활동에서는 지레 겁먹고 포기하는 모습을 보였다. 이처럼 실패에 두려움을 가진 아이는 "다음에 할래", "그냥 하기 싫어", "피곤해. 쉴래", "재미없어"와 같이 부모가 제안하는 주제 자체를 회피하는 경향을 가지게 된다.

"넌 무조건 잘할 수 있어"와 같이 '잘'하라는 기대감은 아이에게 때론 압력으로 다가온다. '잘'했다는 기준은 대단히 추상적이다. 어느 수준으로 해야 부모를 만족시킬 수 있을지 모호하다. 아이들은 과정에서 즐거움을 느낄 때 최선을 다하게 된다. 결과에 초점을 맞추는 과한 기대가 담긴 말은 되도록 피하자. 평소 과한 기대감을 표현하는 말을 남용했다면 "편하게 한번 해보렴", "시도하는 데도 큰 용기가 필요한 거야. 넌 용기를 냈어"와 같은 말로 아이 마음에 여유를 주자.

피해야 할 세 번째 칭찬 방식은 비교하고 평가하는 식의 칭찬이다.

아이: 엄마 나 오늘 학원에서 문제 푼 거 다 맞았어요! ✦

엄마: 우와, 100점이야? 잘했다.

아이: 나만 다 맞았어요. 지은이도 하나 틀렸대요.

엄마: 역시 지은이보다 공부도 잘하네, 우리 딸.

아이: 저녁에 맛있는 거 해주세요.

엄마: 당연하지. 역시 우리 딸 똑똑해. 공부에 소질이 있어. 못하는 게 없다니까.

대화에서 아이가 평소 지은이에게 경쟁심을 가지고 있었다는 걸 느낄 수 있다. 이를 알고 있던 부모가 지은이와 비교하는 방식으로 자녀를 칭찬한 것이 이해는 된다. 하지만 이는 장기적으로 볼

때 자녀에게 도움이 안 되는 칭찬이다. 수많은 정치·경제 분야 리더들을 도운 이종선 대표(이미지디자인컨설팅)의 저서 《멀리 가려면 함께 가라》를 보면 리더들의 특징을 알 수 있다. 책 제목처럼 혼자서는 결코 멀리 갈 수 없다. 자녀를 리더로 키우려면 협업 능력과 사회적 기술을 갖추도록 도와야 한다. 친구들과 비교하며 자극을 주고 더 나은 성과를 내도록 하는 건 이에 반하는 칭찬이다.

"역시 우리 딸 똑똑해. 공부에 소질이 있어. 못하는 게 없다니까"와 같은 칭찬은 어떤 부분을 잘했는지, 어떤 부분이 좋은지 말해주지 않는 형식적인 칭찬이다. 만약 다음에 시험을 잘 보지 못한다면 아이는 그 과목을 못하는 것이고, 소질이 없는 걸까. 아니다. 우리는 아주 쉽게 우리의 기준에 맞춰 아이의 성과를 판단하려는 경향이 있다. 시험 성적이 좋을 때 똑똑하고 소질이 있다는 평가를 듣는다면 반대의 경우에 아이는 어떻게 생각할까. 자신이 똑똑하지 않고, 공부에 소질이 없다는 생각으로 이어질 수 있다.

부모가 칭찬해야 할 포인트는 시험 결과가 아니다. 아이가 열심히 공부했던 과정이다. 그 과정 덕분에 100점이라는 결과를 얻은 것이다. "매일 숙제도 꼬박꼬박하고, 1시간씩 문제 푸는 연습을 했던 보람이 있구나. 대견하다"와 같이 노력의 과정을 칭찬해야 한다.

끝까지 포기하지 않는 모습, 다양한 방법으로 시도해본 태도, 개선하고자 노력한 부분 등에 초점을 맞추면 된다. "이번엔 답지를 보지 않고 혼자 풀려고 노력하더니 결과가 좋구나. 이 공부 방식이 도움이 되었나 보다. 공부법을 바꾼 건 좋은 판단이었네"와 같이 구체적으로 칭찬해주자.

부모로부터 칭찬받거나 인정받지 못하면 자신감을 잃고 포기하려는 모습, 칭찬받을 행동만 하려고 하고 그렇지 않은 행동에는 흥미를 잃는 모습. 이 두 모습은 형식적이고 결과 중심적인 칭찬을 자주 받은 아이에게서 보이는 대표적인 특성이다. 도전을 주저하는 아이도 과한 기대가 담긴 칭찬에 부담을 느끼고 있을 수 있다. 무조건적 칭찬, 과잉 기대가 담긴 칭찬, 비교와 평가가 담긴 칭찬 대신 어떤 칭찬을 해야 아이에게 도움이 될지 다음 절에서 살펴보겠다.

TIP 피해야 할 칭찬 vs 해주어야 할 칭찬

피해야 할 칭찬

- "넌 진짜 머리가 좋아."
- "넌 무조건 잘할 수 있어. 너 수학 잘하잖아. 1등 할 거야."
- "짝보다 잘했다니 기분이 좋네."

해주어야 할 칭찬

- "네가 노력하는 모습이 보기 좋아."
- "네가 목표를 정했으니 한번 도전해보는 거야. 도전하려는 모습이 멋져."
- "매일 시간을 정해 연습했던 보람이 있구나. 대견하다."

약이 되는 좋은 칭찬 방식

"아빠와의 약속을 소중하게 생각해줘서 고마워"

잭 웰치는 제너럴일렉트릭GE을 세계 최고 기업으로 성장시킨 뛰어난 경영인이다. 그는 어린 시절 심하게 말을 더듬었다. 성장 과정에서 이를 극복했는데 그 배경에는 어머니의 칭찬이 있었다. "넌 생각의 속도가 아주 빠르단다. 혀가 그 속도를 따라가지 못할 뿐이야"라는 어머니의 격려는 그에게 굉장한 힘이 되었다. 자녀의 좋은 모습을 발견하고 칭찬해주면 아이는 용기를 얻는다. 자녀에게 힘이 되는 좋은 칭찬 방법을 함께 확인해보자.

첫째, 아이의 행동이 부모에게 준 긍정적인 영향력을 구체적으로 칭찬한다.

엄마: 어휴, 오늘은 그릇을 많이 써서 정리할 게 산더미네. ✦
아이: 엄마, 제가 도와드릴게요. 그릇 전부 저기로 옮기면 되죠?
엄마: 착하기도 하지. 너처럼 착한 아이가 어디 있겠니.
아이: 다 옮겼어요.
엄마: 착한 우리 아들, 과일 깎아줄게. 소파에 가 있어.

분명 아이는 착해 보인다. 하지만 '착하네'라는 말은 '너는 ~해', '너는 ~야'와 같이 평가하는 말이라고 볼 수 있다. 우리는 좋은 칭찬으로 착각하고 쉽게 자녀들을 평가하곤 한다. 자녀들이 보여준 한두 가지 말이나 행동을 보고 단언해 평가하는 칭찬은 좋지 않다. 아이가 자신의 행동에 대해 착하다고 평가받기를 원해서 도와주겠다고 말했을까? 아이가 원하는 건 부모의 평가가 아니다. 부모의 어려움을 공감하고 도움을 주길 원했던 순수한 마음이다. 만약 반복적으로 착하다는 칭찬을 듣는다면 아이는 '착한 행동을 해야 한다'는 부담감에 사로잡힐 수 있다. 착하다는 평가를 받을 상황에서만 좋은 행동을 하게 될 수도 있다.

아이의 행동에 평가 내리기보다 부모가 느낀 고마운 감정, 행복한 감정을 말해주는 게 좋다. 아이의 행동이 부모에게 준 긍정적인 영향력도 표현해준다. 아이가 한 행동을 그대로 언급하고, 부모가 느낀 욕구와 감정을 표현하는 것이다. 아이는 가족에게 긍정적인 영향력을 준 것에 기쁨을 느낄 수 있다. 자신의 가치를 확인하게 되어 자존감을 향상하는 데 도움이 된다. 위 상황에선 이렇게 이야기해주면 좋다.

"식탁 정리해줘서 정말 고맙네. 엄마가 훨씬 수월해졌어. 네 덕분에 금방 깨끗해졌다."

아이가 스스로 잘했다고 생각한 행동에 대해 "엄마 나 이거 다 정리했어요. 잘했죠?", "엄마, 나 이거 진짜 잘 그렸죠?", "아빠, 나 대단하지요?"와 같이 말할 때도 있다. 이럴 때는 충분히 칭찬해주자. 아이가 부모로부터 인정을 받고 싶어 하는 마음에 물어보는 것이니 말이다.

진지하게 들어주고 아이가 스스로 '나 좀 괜찮구나'라고 생각할 수 있도록 충분히 칭찬해주자. "정말 잘했다!", "진짜 멋지다"라고 확실하게 표현하면 된다. 부모가 진심으로 감탄이 나오는 때도 그 감정을 그대로 표현하면 된다. 감정을 숨길 필요는 없다.

두 번째 칭찬 방법은 과정을 칭찬하는 것이다.

아이가 목표로 했던 횟수만큼 줄넘기를 성공했을 때 "엄마는 네가 두 발을 모으고 뛰려고 집중해서 연습하는 걸 보면서 정말 기특했어. 한 번도 넘어지지 않고 30번을 넘었네! 기분이 어때?"

아이가 목표로 했던 횟수만큼 줄넘기를 성공하지 못했을 때 "엄마는 네가 두 발을 모으고 뛰려고 집중해서 연습하는 걸 보면서 정말 기특했어. 30개 목표 중에 20개를 넘었네! 기분이 어때?"

평가 대신 과정을 칭찬할 때 가장 큰 장점은 실패했을 때도 똑

같이 칭찬과 격려가 가능하다는 것이다. 아이가 연습했던 과정을 구체적으로 묘사하며 부모가 느낀 기특했던 감정을 표현했다. 실패해도 연습에 몰두한 시간이 가치 있다는 게 전달된다. 다음에 또 실패하더라도 아이는 '난 실력이 형편없어' 대신 '연습이 부족했구나. 더 연습해야겠네'와 같이 생각할 것이다. 실패의 원인을 '나'로 돌리면 자존감에 상처를 입는다. '연습 부족'을 실패의 원인으로 파악하면 실패하더라도 자존감을 보호할 수 있다.

과정을 칭찬하면서 아이와 대화를 더 이어갈 수 있다. 아이의 행동이나 결과물에 대한 구체적인 묘사와 질문을 덧붙이면 된다. 다음의 상황을 보자.

아이: 엄마 저 그림 그렸어요. 이것 보세요. ✦

엄마: 집중해서 그리더니 털이 노란 강아지를 완성했구나. (과정)

아이: 네!

엄마: 강아지 코가 까만 걸 이렇게 표현했네. 귀도 접혀 있고. 진짜 강아지 같아. (묘사)
강아지가 뭘 하고 있는 장면을 그린 건지 자세히 설명해줄 수 있어? (질문)

단순히 "정말 잘 그렸네"와 같이 칭찬하면 아이의 생각을 더 들어볼 기회가 없다. 위 대화처럼 아이가 해낸 과정을 말해주자. 아이가 한 행동 또는 결과물에서 구체적인 부분을 묘사하며 아이가 표현하고자 했던 것을 읽어주자. 아이의 생각을 들을 수 있는 질문

을 덧붙이면 아이의 사고력도 자극할 수 있다. 스스로 옷을 입었다면 "옷을 직접 입었네! 단추도 제대로 잘 잠갔구나. 이 옷은 왜 단추를 달아놓았을까?"와 같이 대화할 수 있다

세 번째는 칭찬에 조언을 덧붙여 성장을 돕는 것이다.

어렸을 때 두발자전거 타는 법을 배운 기억이 남아 있다. 핸들과 브레이크를 익힌 후 엄마의 도움으로 안장에 앉는 것부터 시작했다. 엄마는 내가 넘어질까 봐 자전거를 단단히 잡아주었다. 천천히 페달을 돌리며 휘청휘청 앞으로 가는데 뒤에서 지탱하는 엄마의 힘이 느껴졌다. 한참 연습하고 나니 엄마가 손을 놓는다고 했다. 처음엔 무서웠지만, 어느새 손을 놓아도 혼자 탈 수 있었다. 이처럼 일상에서 우리는 아이를 성장시키기 위해 낮은 과제부터 높은 과제로 점차 수준을 높여 제시한다.

아이를 칭찬할 때도 한 단계 더 성장할 수 있도록 조언을 덧붙이고 싶을 때가 있다. 그럴 때는 충분히 칭찬해준 뒤 아이의 발전 방향을 제시하면 좋다. 지적해야 할 때는 10 : 1이라는 비율을 기억하자. 칭찬을 10 정도 했을 때 잘못에 대한 지적이나 조언을 1 정도 하는 것이다. 10 : 1 비율을 지키려면 평상시에 사소한 것도 칭찬을 듬뿍 해주어야 한다. 아이가 스스로 옷을 정리했으나 제대로 분류하지 못한 상황에서 나누는 대화를 보자(170쪽 상단).

이 대화에서 아이는 맥이 빠졌다. 처음 들었던 잘했다는 말보다 뒤의 지적이 더 인상에 남기 때문이다. 우리의 뇌는 긍정적인 표현보다 부정적인 표현에 더 강한 자극을 받는다. 지적하는 말투로 말

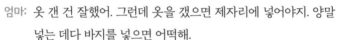

아이: 엄마! 내가 빨래 개어서 옷장에 넣었어요!

엄마: 옷 갠 건 잘했어. 그런데 옷을 갰으면 제자리에 넣어야지. 양말 넣는 데다 바지를 넣으면 어떡해.

아이: 자리가 없어서요….

엄마: 이렇게 옮기고 넣으면 되잖아. 집안일 할 때 손이 두 번 가지 않게 해야 하는 거야.

아이: 네.

하기보다는 부드럽게 조언하는 것이 좋다. 무엇이 어려웠는지, 힘들었는지 부모가 질문을 해주면 좋다. 부족한 점, 실수한 점 등을 아이가 스스로 생각해볼 수 있기 때문이다. 아래의 대화에서처럼 아이의 말에 대답을 해주며 개선 방향을 제시해보자.

아이: 엄마! 내가 빨래 개어서 옷장에 넣었어요!

엄마: 직접 개었구나. 대단한걸? 엄마 혼자 하기엔 많았는데 정말 고맙네. 기특하다.

엄마: 옷장에 옷 넣으면서 어떤 게 가장 힘들었어? (질문하기)

아이: 바지 넣는데 자리가 없어서 고민하다가 양말 칸에 넣었어요. (문제 파악하기)

엄마: 그랬구나. 그럴 땐, 이걸 이렇게 옮겨주면 자리가 생긴단다. 어때? (조언하기)

아이: 아! 쉽네요. 다음엔 이렇게 해야겠어요.

부모가 기억해야 할 칭찬 방법을 다음과 같이 정리할 수 있다. 평소 칭찬에 익숙하지 않았다면 칭찬하는 습관을 기를 수 있도록 연습해보자.

① 아이의 좋은 행동이 부모에게 어떤 긍정적인 영향력을 주었는지 표현한다.
② 아이가 칭찬받기를 원하는 상황에서는 충분히 반응해주고 칭찬해준다.
③ 과정을 칭찬하면 아이가 실패했을 때도 동일하게 격려할 수 있다.
④ 구체적인 묘사와 질문을 덧붙이면 긍정적인 대화를 계속할 수 있다.
⑤ 아이에게 고쳐야 할 부분을 이야기할 때는 칭찬 10 : 조언 1 비율을 기억하자.

단순하고 형식적인 칭찬 vs 구체적이고 도움을 주는 칭찬

다음 사례를 통해 단순하고 형식적인 칭찬을 더 나은 칭찬으로 바꿔보자.

① 아이 행동의 영향력 말해주기

단순한 칭찬	행동의 영향력을 알려주는 칭찬
• TV 제시간에 껐네. 잘했다. 다음에도 약속 꼭 지켜.	• 약속한 시간만큼만 TV를 보았네! 아빠와의 약속을 소중하게 생각해주어서 고마워. 네가 아빠의 말을 존중해주니 아빠가 우리 집에서 소중한 사람이 된 것 같다.

② 과정 칭찬하기

단순한 격려	과정에 대한 칭찬과 격려
• 다음에 잘하면 돼.	• 네 입장에선 이번에 점수가 아쉬울 수 있어. 그런데 엄마는 네가 매일 공부하면서 모르는 걸 익히려고 노력하는 걸 봤잖아. 그것만으로도 네가 기특하고 자랑스러워.

③ 묘사와 질문 덧붙이기

단순한 칭찬		묘사와 질문을 덧붙인 칭찬
• 역시 넌 똑똑해.	과정	매일 시간을 정해 공부했던 보람이 있구나.
	묘사	조금 어려웠던 문제도 끝까지 풀었네!
	질문	문제 풀면서 어떤 걸 배운 것 같아?
• 옷 잘 골랐네.	과정	티셔츠를 직접 골랐구나!
	묘사	분홍색과 흰색 바탕에 꽃무늬도 있네.
	질문	어떤 무늬를 가장 좋아해?

4-5

아이에게 해서는 안 되는 말들

"지난번에도 그랬잖아. 몇 번을 말해야 해?"

연세대학교 사회발전연구소 염유식 교수팀의 연구에 따르면, 우리나라 어린이와 청소년들은 5명당 1명꼴로 자살 충동을 경험한다고 한다.* 연구팀은 부모와의 관계가 좋으면 자살 충동도 줄어든다고 설명했다. 성적이나 경제 수준보다 화목한 가족 관계가 삶의 만족도에 더 큰 영향을 주는 것이다. 자살 충동은 나 자신이 사라지길 바라는 마음을 느낀다는 것을 의미한다. 이는 아이의 자존감과도 직결된 문제다. 자녀와 단절되는 대화 패턴을 알고, 사용하지 않기 위해 노력이 필요한 시점이다.

아빠: 숙제한다더니 아직도 게임 중이네? 당장 꺼. (명령)

아이: 아니, 친구들이 잠깐만 들어와 보래서.

아빠: 여기가 PC방이냐? (빈정거림)

아이: 이것만 하고 하려고 했어.

아빠: 맨날 이것만, 이것만. 그러다가 뭐 하나 제대로 끝낸 적 있어?
(판단·비난)

아이: 한다니까!

아빠: 이게 어디서 소리를 질러! 동생은 벌써 숙제 다하고 씻고 있다.
(비교)

아이: 비교하지 말라고!

아빠: 학생이 숙제부터 하고 놀아야지. 그게 당연한 거고 기본이야.
(충고·설교)

아이: 이제 끈다고요. 껐어요. 숙제할 거니까 나가주세요.

아빠: 아빠 화 좀 나게 하지 마. 너 땜에 집안 시끄럽게 이게 뭐니. (탓
하기)

30분 후에 검사할 거야. 또 안 하기만 해봐라. 컴퓨터 버리든지
해야지. (경고·협박)

《부모 역할 훈련》의 저자 토머스 고든은 명령, 협박, 설교, 충고, 논리, 비난, 심문, 화제 전환 등을 자녀와의 대화를 단절시키는 대표적인 말하기 방식으로 꼽았다.[**]

위 대화에서 아빠가 실제 말하고 싶었던 내용은 '게임을 굉장히 오랜 시간 하니 걱정이 된다. 숙제하고 마음 편하게 쉬면 좋겠다'이다. 하지만 아이에게는 '뭐 하나 제대로 못 하는 아이, 동생보다도 못한 아이, 게임만 하는 아이, 기본도 못하는 아이, 집안 시끄럽게

하는 아이'라는 매우 부정적인 내용이 전달되었다. 아이가 이 내용을 자신의 모습으로 받아들이고 살아간다고 생각해보자. 부모의 가슴은 미어질 것이다.

상대의 행동에 불만이 있어 대화할 때, 이미 내 마음속에는 상대의 행동이 잘못되었다는 전제가 있다. '잘못했으니 상대가 고쳐야 하고, 내 말이 맞으니 따라야 해'라고 생각하니 명령하게 되고 훈계하게 되고 경고하게 된다. 일방적인 의사소통이 되는 것이다. 아이가 분명 잘못된 행동을 했더라도 이 같은 방식은 아이의 마음에 크게 와닿지 않는다. 부모의 감정, 좌절된 욕구, 행동의 부정적인 영향력을 말해주는 것이 훨씬 효과적이다.

항생제에 내성이 생기듯 말도 그렇다. 부모가 위협적이고 협박하는 투의 말을 자주 하면 아이에게도 내성이 생긴다. 시간이 지날수록 비슷한 위협에는 아무 반응도 보이지 않는다. 부모는 말을 듣지 않는 아이를 보며 점점 더 큰 소리로 다그칠 수밖에 없고, 자녀와의 관계는 점점 멀어진다. 아이를 다그치는 일방적인 의사소통이 지속되면 아이는 반항심을 갖게 된다. 부모로부터의 언어적 체벌을 피하기 위해 거짓말, 늦은 귀가, 연락 두절 등 좋지 않은 방식으로 문제를 회피할 수 있다.

다음(176쪽) 대화에서처럼 다시는 그러지 않겠다고 약속하고 또 같은 행동을 반복하는 아이를 볼 때 머리끝까지 화가 났던 경험이 있을 것이다. 하지 말라고 한 행동을 자녀가 또 하게 될 때, 부모는 무시당하는 느낌을 받게 된다. 마음이 상하는 것은 당연지사이다.

아이: 어떡해 엄마. 핸드폰이 안 보여요.

엄마: 잘 찾아봐.

아이: 다 찾아봤는데도 없어요.

엄마: 너 지난번에도 핸드폰 잃어버렸다고 난리 치고 그랬지? 왜 제대로 챙기지를 못해서 매번 이러는 거야?

아이: 일부러 그런 것도 아니잖아요. 주머니가 얕아서 그런 거잖아요.

엄마: 네가 일어날 때 앉은 자리 한 번 더 살펴봤으면 됐잖아. 몇 번을 말해야 하니.

그러나 "지난번에도 그러더니 이번이 몇 번째야! 왜 매번 이러는 건데!"라고 하면 아이는 "내가 언제 매번 그랬어?"라고 맞대응하기 쉽다. 아이가 자신이 잘못했음을 알면서도 인정하지 않고 도리어 화를 내는 이유는, 예전 일을 들춰냈기 때문이다.

엄마: 잃어버린 물건을 찾는 게 참 어렵다. 그렇지?

아이: 네. 참 막막해요.

엄마: 귀찮더라도 제자리에 두고 관리하는 게 이렇게 찾는 것보단 훨씬 쉬운 것 같아.

아이: 네, 그런 거 같아요.

엄마: 실수했을 땐 좋은 걸 배우고 넘어가면 돼. 오늘은 뭘 배운 것 같아?

아이: 음… 쓰고 나면 제자리에 놓아야 좋을 것 같아요.

엄마: 그래. 오늘은 엄마랑 같이 찾아보고 이제부턴 잘 관리하는 습관을 연습해보자.

예전 일을 들춰내는 건 아이의 치부를 건드리는 행동, 실례가 되는 행동이다. 이미 반복해서 실수를 했을 때 아이 마음엔 자책감이 든다. '좀 더 잘 챙길걸', '또 실수했네'라며 마음이 좋지 않은 상태에서 부모에게 도움을 요청한 것이기 때문이다. 과거의 일에 초점을 맞추지 말고, 현재 일어난 일만 이야기하자. 앞으로는 잘할 것이라는 기대감을 전달하는 것도 좋다. 문제를 통해 배울 수 있는 교훈을 함께 찾는 데 방향을 맞춰야 한다.

스위스의 발달심리학자 장 피아제Jean Piaget는 아동의 사고발달을 깊이 연구하고 영향력을 끼친 인물이다. 그의 이론에 따르면, 모든 사람은 정해진 인지 발달 단계를 거쳐 성장한다고 한다. 전 단계가 발달하지 않은 아이에게 다음 단계를 요구하는 것은 무리라는 것이다. 아이가 이해하지 못하는 표현을 쓰는 게 효과적이지 않다는 것은 분명하다. 예를 들어 '제대로, 바르게, 똑바로, 잘' 등의 단어들은 아이 입장에서 모호할 수 있다.

아이가 이해할 수 있는 구체적인 표현을 사용해 가르쳐야 한다(178쪽 상단 표 참고). 부모는 교육을 통해 똑바로 먹는 것, 제대로 말하는 것, 바르게 앉는 것 등에 대한 이미지를 갖고 있다. 아이들은 '똑바로, 제대로, 바르게, 잘' 같은 말을 들었을 때 기준이 되는 이미지 상이 없는 상태이다. 반항하느라 안 하는 게 아니라 정말 몰라서 못 하는 것일 수 있음을 기억하자. 무엇이 바른 것인지 반복적으로 말해서 좋은 습관이 몸에 배도록 도와야 한다.

애덤 그랜트의 《오리지널스》에 나오는 연구 결과에 따르면,

모호한 표현	구체적인 표현
똑바로 먹어라.	• 흘리지 않고 먹도록 의자를 당겨서 앉자. • 남기지 않고 맛있게 다 먹어보자. • 식사할 땐 다른 곳 보지 않고 음식에 집중하는 거란다.
제대로 말해라.	• 무슨 일이 있었는지 엄마한테 솔직하게 말해줄래? • 어떤 상황에서 무릎이 까졌는지 얘기해볼래? • 친구와 놀이터에서 어떤 대화를 나누다가 싸우게 된 거야?
바르게 좀 앉아.	• 허리를 곧게 펴고 앉아야 한단다. • 다리는 모으고 앉는 것이 예절에 더 맞단다. • 할머니가 말씀하실 땐 할머니를 바라보고 앉아야 한단다.
친척들 오시면 잘 해.	• 친척 어른들이 오면 공손하게 인사드리렴. • 혹시 용돈을 주면 꼭 감사하다고 인사해야 한단다. • 친척 동생도 오는데 뭐 하고 놀아주면 좋을까?

2~10세 아동은 평균적으로 6~9분에 한 번씩 행동을 고칠 것을 요구받는다고 한다.*** 하루에 50여 차례나 훈육을 받는 것이다. 수십 번 듣는 말의 내용이 명령, 협박, 설교, 충고, 비난 같은 내용이라면 어찌 아이의 자존감이 건강하게 자랄 수 있을까. 강하게 이야기해야 아이가 정신을 차릴 거라는 생각은 버리자. 예전 일을 들춰내며 고통을 반복하지 말자. 개선될 미래를 생각하며 오늘의 일만 갖고 대화를 나눠야 한다. 아이가 중요하게 생각하는 문제는 똑같이 중요하게 받아주고 부모의 의견을 제시하자. 이 원칙만 지켜도 아이와 건강한 대화를 나눌 수 있을 것이다.

하지 말아야 할 말 vs 자존감을 지켜주는 말

하지 말아야 할 말

- "지난번에도 그랬잖아."
- "도대체 몇 번을 말해야 해?"
- "뛰어다니다가 또 넘어질 줄 알았다."
- "고집을 왜 부렸어?"
- "매번 이럴 거면 너 알아서 다 해."

자존감을 지켜주는 말

- "실수했구나. 다음에는 조심하자."
- "여러 번 이야기했던 건 중요하기 때문이야. 꼭 기억해야 해."
- "약부터 바르자. 다음엔 조심해서 다녀야겠지?"
- "일단 해결할 방법부터 찾아보자."
- "같은 실수가 반복되니 너도 속상하겠다. 엄마도 걱정스럽고. 어떻게 하면 좋을지 같이 이야기해볼까?"

5장

아이의 사회성을 높이는 부모의 말

사회성의 기본은 상대방을 존중하는 태도에 있습니다.
부모와의 대화를 통해 상대방의 입장을 헤아리는 태도를
배울 수 있습니다. 친구에게 다가가기를 두려워한다면,
아이의 감정을 이해하고 할 수 있는 만큼
도전해보도록 격려해주세요.

∨ ∨ ∨ ∨ ∨ ∨ ∨ ∨ ∨ ∨ ∨ ∨ ∨ ∨

"네가 친구라면 어떻게 생각했을 것 같아?"
"친구에게 말을 걸고 싶은데 용기가 안 나서 속상하구나.
그러면 가서 손만 흔들고 와볼까?"
"네 감정은 소중해.
친구에게 네가 싫어하는 것을 표현해도 된단다."

배려심을 키우는 말

"네가 경기에 졌을 때 친구가 뭐라고 해주면 좋겠어?"

타인에 대한 배려의 핵심은 사회적인 규범을 이해하고 받아들이는 데 있다. 공공장소에서 조용히 하기, 식당에서는 뛰지 않기, 가게에서 돈을 지불하지 않고 물건 가져오지 않기 등의 약속들이 사회적 규범이다. 친구 관계에서는 서로의 약점을 놀리지 않는 것, 친구의 말을 끊지 않는 것, 지나치게 자랑하지 않는 것 등이 상대의 마음을 배려하는 약속이라고 볼 수 있다.

배려심은 후천적으로 충분히 학습할 수 있다. 아이의 배려심을 기르려면 '조절시켜야 하는 부분'과 '이해시켜야 하는 부분'이라는 두 측면을 고려해야 한다.

(수업 중인 교실 상황) ✦

교사: 소방관분들의 따뜻한 마음이 느껴지는 영상이네요.

세준: (모두에게 들리는 목소리로 혼잣말을 함) 난 안 느껴지는데.

아영: (교사의 눈치를 보며 소곤거림) 야, 그런 말을 왜 해.

교사: 우리도 교실에서 친구들을 도와주었던 기억들을 떠올려볼까요?

세준: (교사의 말이 끝나자마자) 전 없는데요.

아영: (다급하게 작은 목소리로) 야, 좀. 너 버릇없게 왜 자꾸 그러냐?

학생 언어문화 개선 누리집www.goodword.kr을 방문하면 언어습관 자가진단도구를 이용할 수 있다. 해당 도구의 문항 중에는 '상대방의 말을 듣고 생각하지 않고 바로 대답을 하는가'를 묻는 문항이 있다.

세준이에게는 상대방의 말을 들은 후에 생각하지 않고 바로 부정적인 대답부터 하는 습관이 있었다. 교사인 입장에서는 아이의 언어습관을 지도하면 되는 일이지만, 친구 관계에서는 달랐다. 교사가 미처 개입하기도 전에, 세준이 주변에 앉은 친구들은 세준이를 타박했다. 선생님께 예의 없이 말하는 모습이 싫어서다.

타인에 대한 배려심을 어느 정도 갖추고 있느냐는 이처럼 친구 관계에 매우 큰 영향을 준다. 아이들도 서로를 존중하며 배려하는 친구를 더 신뢰하고 좋아한다. 학급에서 친구들에게 인기가 많은 친구는 대개 예의가 바르고, 친구 입장에서 생각하고 말할 수 있는 아이들이다. 세준이와는 언어 예절에 관한 개인 상담 시간을 가졌다. 몰랐던 언어 예절을 배워가면서 점차 나아지는 모습이 보였다. 언어습관이 조금씩 바뀌면서 친구들로부터 부정적인 피드백을 받는 횟수도 줄어들었다.

위와 같은 경우에는 "어디서 버릇없게. 생각하고 말해"라고 하나하나 대응하는 것보다 "세준이는 그런 경험이 없었구나" 정도로 가볍게 지나가면 된다. 아이의 생각은 받아주고 부모가 원래 하려던 말을 마치면 된다. 말대꾸를 매번 지적하다 보면 부모가 전달하려는 말의 흐름이 끊어지고, 아이도 민감하게 반응하게 된다.

아이가 일부러 버릇없게 굴려고 말대꾸하는 게 아닐 수 있다. 아이가 대화의 흐름을 파악할 만큼 사회적, 언어적으로 발달하지 못했을 가능성을 생각해야 한다. 성장이 필요한 아이는 상황을 이해하고 배려할 능력을 갖추도록 도와주면 된다. 부모의 말을 다 맺은 후에 대화 태도에 대해 따로 가르치는 시간을 가질 수 있다.

배려심은 충분히 아이들이 배울 수 있는 영역이다. 2015년 영국 일간지 〈데일리메일〉에 기고된 스탠퍼드대학 연구팀의 연구 결과가 이를 증명한다.[*]

연구진은 A 그룹은 혼자 공을 갖고 놀게 하고 B 그룹은 연구진과 함께 대화를 나누며 공을 갖고 놀게 했다. 이후 연구진은 공을 테이블에서 떨어트렸다. 연구진과 함께 대화를 나눈 B 그룹에 속한 아이들이 A 그룹 아이들보다 더 많이 떨어진 공을 주웠다. 연구에 참여한 대학원생 로돌포 코르테스 바라간은 아이들이 함께 놀이하며 신뢰를 느낀 것이 이타심에 영향을 주었다고 설명했다.

배려를 가르칠 수 있는 좋은 방법은 '경청'이다. 아이가 말을 하면 잠시 하던 일을 멈추고 귀 기울여 듣는 것, 아이의 말에 끼어들지 않고 끝까지 들어주는 것, '그랬구나', '정말?' 같은 말로 맞장구를 치며 들어주는 것. 이 3가지만 지켜도 충분하다. 아이들은 부모를 닮기 원하고, 부모의 모습과 닮아가고자 시도한다. 발달심리학에서는 이를 '개인 모델링Personal Modeling'이라고 한다. 아이들은 자신을 배려해주며 경청하는 부모의 모습을 닮아갈 것이다. 자연스레 상대방을 배려하는 태도를 체득하게 된다.

'조망 수용 능력Perspective Taking Ability'이라는 용어가 있다. 타인의 입장에 자신이 놓이는 것을 상상해보고 타인의 의도와 마음을 헤아려볼 수 있는 능력을 말한다. 쉽게 말하면 '역지사지'를 할 수 있는 능력이다.

조망 수용 능력이 발달하려면 부모의 공감이 필요하다. 부모로부터 '그렇게 느꼈구나', '그럴 수 있어'라고 공감받은 아이는 타인의 감정도 수용할 수 있다. 화가 난 친구에게 "화날 만했어. 화날 수 있지", 서운해하는 친구에게 "서운할 수 있었겠다. 미안해"라고 말할 수 있는 아이가 되는 것이다.

아이 중 유난히 상대방의 입장을 헤아리기 어려워하는 아이들은 어떻게 가르쳐야 할까. 상대방의 입장에서 생각해볼 수 있도록 '만약에'라는 질문을 한다. 아이가 유독 이해하기 어려워하는 사람과 관련해서 물어봐 주는 것이 도움이 된다.

> "만약에 네가 언니였다면, 어떤 기분이었을까?"
>
> "만약에 네가 아빠였다면, 이럴 때 어떻게 말해주면 좋겠다고 생각해?"
>
> "만약에 네가 선생님이었다면, 뭐라고 말씀하셨을까?"
>
> "만약에 네가 말하고 있다면, 동생이 어떤 자세로 들어주면 좋겠어?"

자존감이 높은 건 중요하나 지나치게 자아상이 큰 아이들은 자신도 모르게 남들에게 피해를 줄 수 있다. 뭐든 자기가 먼저 해야 한다는 생각, 무리에서 중심이 되지 못하면 힘들어지는 마음, 자기 생각이 옳다고 생각해 친구의 의견은 무시하는 모습 등 배려심과는 거리가 먼 모습을 보인다. 건강한 자존감을 가진 아이는 자기 자신도 소중하게 생각하고, 남도 소중하게 대한다. 자아상이 큰 자녀는 좀 더 세심한 지도가 필요하다.

"네가 최고야", "네가 가장 잘해"와 같은 칭찬을 자주 하는 것, 아이의 요구 중심으로 온 가족이 움직이는 것, 결과에 대한 칭찬을 남발하는 것 등은 아이의 자기중심적인 사고를 키울 수 있다. 다음(188쪽) 대화에서처럼 아이에게 사람마다 장점이 있다는 것을 알려야 한다. 자라면서 나보다 축구를 잘하는 친구, 노래를 잘하는 친구 등 각자의 장점이 있는 친구들을 만나게 된다. 이러한 과정에서 '내가 최고고 나 중심으로 세상이 돌아가야 해'라는 나 중심의 기류는 조금씩 조절할 수 있을 것이다.

은지: 엄마, 우리 반에서 내가 달리기가 가장 빨라. ✦

엄마: 엄마가 보기에도 은지는 달리기를 좋아하고 연습도 많이 해서
잘하는 것 같아.

은지: 다른 것도 난 다 잘해. 못하는 애들은 좀 이해가 안 돼.

엄마: 은지가 평소에 열심히 학교생활을 하는 건 엄마도 알지. 그런
데 어떤 아이들은 잘하고 싶어도 잘 안돼서 속상해하기도 해.
네가 만약 친구들 앞에서 "넌 왜 못해?"라고 말하면 친구들이
꽤 상처받을 거야. 사람마다 성장 속도가 다르고 장점이 다를
뿐이야.

사회에서는 집단 안의 한 구성원으로 생활하게 된다. 모두가 안
전하고 건강하게 생활하기 위해 정한 규칙과 약속을 자연스럽게
받아들여야 한다. 내 마음대로만 할 수는 없고, 함께 지켜야 할 규
칙을 소중히 생각해야 한다는 것을 가르쳐야 한다. 무조건 따르라
고 하면 반발심이 생길 수 있다. 아이가 규칙을 받아들일 수 있도
록 이유를 잘 설명하는 게 가장 효과적이다.

"기본예절을 지켜야 하는 이유는 무엇일까?"
"식당에서 지켜야 할 예절에는 무엇이 있을까?"
"엄마와 우체국에 가면 어떤 규칙을 지켜야 할까?"

아이들은 부모의 모습을 통해 상대에 대한 배려심과 존중을 학
습한다. 아이의 감정을 있는 그대로 인정해주고 존중한다면, 아이

도 친구들을 존중하고 배려할 수 있는 아이로 자랄 것이다. 아이가 지나치게 '나 중심'적인 생각과 태도를 지니고 있다면 사회적 규범을 이해할 수 있도록 도와야 한다. 가장 좋은 방법은 사회적 규범이 왜 필요한지 이유를 깨닫도록 대화하는 것이다. 평소 타인의 입장에서 헤아려보도록 질문함으로써 아이가 배려심을 가꾸는 데 도움을 줄 수 있다. 분명 우리의 자녀는 훌륭한 사회 구성원으로 성장할 것이다.

TIP 배려심을 키우는 질문

- "친구가 경기에 져서 속상해할 때 이겼다고 자랑을 하면 친구는 어떤 기분일까?"
- "네가 경기에서 진다면 친구가 뭐라고 해주면 좋겠어?"
- "친구가 갖고 있는 걸 너는 갖고 있지 않을 땐 어떤 기분이 들어?"
- "친구에게 자랑하면 좋지 않은 이유는 무엇일까?"
- "잘 못 하는 친구가 도움을 요청하면 친절하게 도와주어야 하는 이유는 뭘까?"
- "친구들과 약속을 지키는 일은 왜 중요할까?"
- "규칙을 지키지 않으면 어떤 일이 생길까?"

5-2
소극적인 아이를 돕는 말
"낯설어서 불편할 수 있어"

아이의 타고난 기질과는 싸워선 안 된다. 하지만 아이
가 소극적이라면 크게 걱정을 하고 기질을 바꾸려 애쓰는 경우를
종종 본다. 아이가 소심하다는 것은 아이가 가진 수많은 특성 중
하나일 뿐이다. 부모가 보기에 큰 단점으로, 심각한 일로 느낄 수
있으나 아이에겐 꼼꼼함, 세심함, 침착함, 신중함, 높은 배려심, 공
감 능력 등 다른 장점이 아주 많다. 소심한 아이가 자신의 특성을
이해하고 인정해주는 부모를 만날 때 이 같은 장점이 빛을 발한다.
아이 스스로도 자신에 대해 '난 왜 이럴까'라고 생각할 수 있다. 단
점을 부각하는 대신 장점을 강조해 스스로를 인정할 수 있도록 도
와주자.

아이: 밥 안 먹어.

엄마: 밥을 왜 안 먹어. 또 삐쳤네, 삐쳤어.

아이: 아니거든!

엄마: 너 아까 엄마한테 혼났다고 이러지? 너한텐 무슨 말을 못 하겠다.

아이: (울음을 삼킨다.)

엄마: 울어? 이게 무슨 큰일이라고 울어? 엄마가 자식한테 이 정도 말도 못 해?

엄마는 밥을 안 먹는다는 아이를 보며 화가 나고 작은 일에도 울음부터 터트리는 여린 아이가 걱정스럽다. 감정을 받아주면 아이가 더 약해질까 봐 도리어 화를 내고 강하게 맞선다. 평상시 작은 일에 민감하게 반응을 할 때마다 부모는 참 난감하다. 정신이 번쩍 들도록 말해줘야 아이가 강해질 거라고 생각하지만 이는 착각이다. 소심한 아이에게는 아이의 성격을 비난하는 말이 독이 된다. 소심한 아이는 말에 크게 영향을 받기 때문이다.

"너, 그런 성격으로 친구는 어떻게 사귈래?" "학교에서도 이러니?" "가족이니까 이해하지 너 다른 데서 이러면 안 된다." 이러한 말들은 아이를 모욕하는 말이다. 아이는 부모의 비난하는 말, 부정적인 표현을 맘에 품고 속앓이를 하게 된다. 아이가 삐친다면 모른 척해주는 편이 낫다. 아이가 삐치고 속상한 마음에 붙잡히지 않도록 다른 일로 주의를 환기하자. 아이를 향한 부모의 애정과 관심이 변함없다는 사실이 전달되도록 환하게 웃어주자. 같은 상황에서 이렇게 말하면 상처 주지 않고 분위기를 전환할 수 있다.

아이: 밥 안 먹어. ✦

엄마: 지금 배가 안 고픈가 보다. 식사 시간을 좀 늦출까?

(아이가 삐친 사실을 눈치챘지만, 모른 척한다.)

아이: 몰라.

엄마: 그럼 이거 간만 한 번 봐줄래? 우리 아들이 음식 간은 진짜 정확하게 알지.

(다른 일로 주의를 환기한다.)

아이: 뭔데?

엄마: 네가 좋아하는 불고기 했지. 어제 먹고 싶다고 했었잖아. 와서 맛보렴.

(아이를 향한 애정과 관심을 전한다.)

생각이 많아 지나치게 걱정과 두려움이 큰 아이들도 있다. 잘하고 싶은 마음이 큰 아이도 걱정과 두려움을 많이 느낄 수 있다. 도전하는 것 자체에 두려움을 느낀다면 다음의 연구를 살펴보자. 사우스캐롤라이나대학 피터 레인겐 교수는 심장병협회 모금 실험을 설계했다. 한 그룹에는 바로 모금 이야기를 꺼냈고, 다른 그룹에는 두세 가지 질문에 대답해달라는 부탁을 먼저 했다. 결과는 어땠을까. 갑자기 큰 부탁을 받은 그룹보다 작은 부탁을 먼저 받은 그룹에서 모금에 응하는 비율이 높았다.[*]

아이들도 마찬가지이다. 큰 도전을 바로 요구하면 거부할 가능성이 크지만, 작은 도전을 먼저 제시하면 응할 가능성이 커진다.

일단 한 발을 들여놓게 하면 그 후의 설득은 받아들여질 가능성이 크다. 발표를 피하려는 아이에게는 이렇게 한발 들여놓게 하자.

> "학교 가서 발표 잘하고 와." → "발표 시간이 되면, 한두 친구들의 발표를 듣고 나서 손을 한 번 들어볼래? 너무 떨려서 말하기가 어려우면, '좀 더 생각해보겠습니다'라고 말하고 앉아도 돼."

친구들에게 의사 표현을 어려워하는 아이에게는 이렇게 말할 수 있다.

> "너도 놀 때 적극적으로 말해." → "친구들이 의견을 말할 때 너도 좋다면, '좋아'라고 동의하는 말을 해볼래?"

큰 도전을 두고 '난 못할 거야'라고 생각하던 아이에게 작은 도전의 기회를 주자. '나도 할 수 있네?'라는 생각이 들면 자신감이 생긴다. 다음과 같은 말들로 아이에게 작은 도전을 해보도록 용기를 북돋울 수 있다.

> "친구에게 말을 걸고 싶은데 용기가 안 나서 속상하구나. 그럼 가서 손만 흔들고 와볼까?"
> "우와 손 흔들고 왔네! 큰 용기를 냈구나. 기특해."
> "이번에는 '안녕'까지만 이야기해보자."

"친구가 거절할까 봐 두려운 거구나. 거절하면 '응, 그럼 다음에 놀
자'라고 이야기하고 다른 친구에게 가면 되는 거란다."
"잘 못 해도 괜찮으니 이것만 한번 해볼래?"
"틀리면 새로운 걸 또 배울 수 있단다."

난 어린 시절 섬세한 아이였다. 수업 시간에 선생님께서 훈계하
면 모든 말씀이 나를 향한 훈계로 들렸다. 바른 자세로 앉아 있었
음에도 선생님이 바로 앉으라고 하면 맨 먼저 자세를 고쳤다. 떠들
지 않는데도 '조용히 해!'라는 말을 들으면 '내가 시끄러웠구나.
잘못했네'라고 생각했다. 이처럼 섬세한 아이들은 훈계를 마음에
쌓아둔다.

도덕성을 지나치게 강조하면 사람들의 눈치를 볼 수 있다. "너
이러면 친구들이 싫어한다", "다른 사람한테 피해 주지 마" 같은
말들을 남발해서는 안 된다. 자기 의사를 분명하게 표현하지 못하
게 될 수 있다.

섬세한 아이는 공감해주고 안심시켜주는 게 중요하다. 아이가 느
끼는 감정은 잘못된 것이 아니며, 감정 표현은 정당한 것임을 알려
주자. 아이가 안심하고 자신의 감정을 표현할 수 있게 기회를 주자.

"속상했겠어. 속상할 땐 속상하다고 말해도 괜찮아."
"엄마도 예전에 그랬던 적 있어. 누구나 그럴 수 있단다."
"네가 싫다고 표현해도 친구들은 널 미워하지 않아."

"네 감정은 소중한 거야."

친구들에게 부당한 대우를 당했거나 폭력을 당했을 때는 가만히 있어선 안 된다. 자신의 의사를 분명히 표현하도록 도와줘야 한다. 상대를 이해하려고 노력하는 아이, 배려심이 많은 아이, 폭력이 잘못된 것이라는 것을 아는 아이들은 참고 넘어가는 일이 잦다. 아이가 싫은 것을 말하지 못하고 꾹꾹 참지 않도록 말하는 법을 미리 연습시키는 것이 좋다. 다음의 문장에 여러 상황을 대입해 연습시켜보자.

"네가 내게 욕을 하면 난 기분이 나빠. 앞으론 욕하지 않으면 좋겠어. 계속 그러면 부모님과 선생님께 도움을 요청할 거야."

사람은 평생에 걸쳐 자신의 성향을 이해하고 더 나은 사람이 되려고 노력하는 과정을 거친다. 아이의 성향을 단점으로 보고 바꾸려고 하지 말자. 아이를 소심하다고 생각하며 키우면 아이는 '소심함'이라는 틀에 갇힌다. 장점이 충분히 많다는 것을 부모가 먼저 인지하고, 아이가 안심하고 세상을 살아갈 수 있게 도와야 한다.

아이가 할 수 있는 쉬운 것부터 도전하도록 발판을 마련해야 한다. 의사 표현도 반복을 통해 충분히 익힐 수 있다. 있는 그대로의 모습을 인정받은 아이는 공감 능력과 배려심을 발휘하며 단단한 인간관계를 맺을 수 있을 것이다.

TIP   소심한 아이에게는 어떻게 말해야 할까?

이런 말은 피해주세요	이런 말을 들려주세요
• "크게 기대도 안 했다." • "너무 겁이 많아." • "뭐가 되려고 저러니." • "왜 저렇게 소심하지." • "발표도 안 하고 왜 그러고 있어?" • "뭘 이렇게 눈치를 봐."	• "낯설어서 불편할 수 있어." • "조심성이 많구나." • "어쩜 이렇게 남의 마음을 잘 이해할까." • "생각이 참 깊구나." • "매번 피할 수는 없으니, 같이 연습을 해 볼까?" • "화내는 게 아니라 알려주는 거란다."

아이의 사회성을 가로막는 말
"네 친구들은 다 혼자서 잔다더라"

　　자녀가 친구들에게 "너 때문이야", "너 이러다 큰일 난
다", "네가 잘못한 게 있겠지"와 같은 말을 한다면 어떨까. 아마 친
구들은 아이를 피하게 될 것이다. 상처를 주는 말들이기 때문이다.
그러나 우리는 아주 쉽게 자녀들에게 이러한 말을 한다.

　　아이는 부모로부터 언어습관을 배우고, 그 습관이 친구 관계에
서도 이어지고 있다. 아이가 친구들에게 공감해주고, 힘을 주는 사
람으로 자라도록 도우려면 부모가 먼저 부정적인 말들을 줄여야
한다.

시원: 엄마, 진우가 놀 때 저만 안 끼워줬어요.

엄마: 네가 뭔가 잘못한 게 있었던 것 아니야?

시원: 아니에요. 저는 잘못한 거 하나도 없어요. 진우는 맨날 제멋대로예요.

엄마: 뭘 진우만 멋대로 해. 너도 네 멋대로 할 때 많잖아.

시원: 아니라고요. 엄만 내 편도 안 들어주고.

엄마: 싸워도 금방 다시 친해지는 게 친구 사이야. 하룻밤 자고 나면 괜찮을 거야.

시원: 진우랑은 이제 안 놀 거예요.

엄마: 내일 되면 또 같이 재밌게 놀 거면서 뭘 그래. 자꾸 삐치면 친구들이 너 싫어해.

시원이와 진우는 유치원 때부터 함께 자라온 친구 사이이다. 엄마는 시원이가 진우와 가장 친하면서도 종종 다툰다는 것을 알고 있다. 잠시 투덕거려도 금세 다시 노는 것을 어릴 때부터 봐왔던 터라 아이의 말이 심각하게 들리지 않는다.

엄마의 예측은 정확했다. 진우는 놀이 인원이 맞지 않아 시원이를 끼워줄 수 없는 상황이었을 뿐이다. 다음 날이 되자 아무 일도 없었던 것처럼 시원이는 진우와 신나게 놀았다. 놀이터에서 잘 노는 아이를 보니 마음이 놓였지만, 별것도 아닌 일에 서운해하는 아이가 내심 걱정스러웠다.

과연 별일이 아닐까. 우리가 추억을 떠올리며 공기놀이를 한다고 생각해보자. 져도 조금 아쉬울 뿐이다. 30년 전의 당신이 공기

놀이에서 완패했다면 어땠을까. 세상이 무너진 듯한 슬픔에 엉엉 울었을 것이다. 부모 입장에선 사소한 일일 수 있어도 아이 입장에 선 큰일일 수 있다는 것을 항상 기억하자.

시원이에게는 진우와 과거에 자주 화해했었다는 사실이 중요하 지 않다. 오늘 진우에게 외면당한 순간은 시원이에게 큰 소외감을 느끼게 한 심각한 사건이었다.

부모의 입장과 아이 입장에서 위 대화를 살펴보자.

부모의 말	아이의 마음
(탓하는 말) 네가 뭔가 잘못했던 게 있겠지.	아이에게서 문제의 원인을 찾는다. 아이는 마음도 속상 한데 비난받는 기분이 들어 부모의 말을 받아들이기 어 렵다.
(비난하는 말) 너도 네 멋대로 할 때 많잖아.	아이를 비판하는 말이다. 현재의 문제를 두고 대화해야 하는데 과거를 끄집어내는 건 좋지 않다.
(일방적인 해결책 제시) 하룻밤 자고 나면 괜찮을 거야.	아이 입장에서는 문제가 해결되지 않았고, 어떻게 해야 할지 방법을 모른다. 자고 나면 괜찮을 거라는 말은 뜬 구름 잡는 소리 같을 수 있다.
(경고하는 말) 자꾸 삐치면 친구들이 너 싫어해.	일종의 경고이자 협박하는 말투다. 심적으로 불편한 상태 인데, 친구들이 싫어할 거란 말에 불안감까지 더해진다.

친구 관계에 관해서도 아이의 감정을 있는 그대로 받아들이고 존중해주며 대화해야 한다. 아이는 대화를 통해 해답을 스스로 찾 아나갈 수 있다. 아이의 감정을 수용하는 다음 대화를 보자.

시원: 엄마, 진우가 놀 때 저만 안 끼워줬어요.

엄마: 진우가 너만 끼워주지 않았어?

시원: 네. 진짜 화났어요.

엄마: 화가 많이 났구나. 어떤 상황이었는지 얘기해줄 수 있겠어?

시원: 미끄럼틀에서 술래잡기하는 건데 4명만 할 수 있거든요? 근데 4명 꽉 찼다고 절 안 끼워주는 거예요. 치사했어요.

엄마: 4명이 해야 하는 놀이였구나. 어쩔 수 없는 상황이었지만 많이 서운했겠어.

아이의 서운한 감정을 있는 그대로 인정하고 있다. 그 후에 아이에게 친구 관계를 조절할 수 있도록 이렇게 방법을 제안해주면 된다.

엄마: 진우에게는 어떻게 얘기했어?

시원: 그냥 말 안 하고 집으로 왔어요.

엄마: 그랬구나. 감정을 말로 표현해야 친구도 네 마음을 이해할 수 있단다. 진우를 만나면 뭐라고 얘기해보면 좋을까?

시원: '내가 진짜 화났었어. 다음엔 나도 공평하게 꼭 같이 끼워줘'라고 할래요.

엄마: 그래. 인원이 정해진 놀이는 이렇게 같이하지 못하는 경우가 종종 생길 텐데 어떻게 하면 기분 좋게 놀 수 있을까?

시원: 그러게요. 다른 거 하고 놀다가 다음 판에 같이하자고 할까요?

엄마: 그것도 좋겠다. 기분 좋게 놀 수 있게 방법을 생각해보고 친구들에게 제안해보렴.

자녀 편이 되어주려고 친구를 섣불리 판단하거나 잘못부터 지적하는 것은 조심해야 한다. "걔는 왜 그러니", "걔는 참 이기적이다", "걔는 안 좋은 행동만 골라서 하네" 등의 말이 이에 해당한다. 자녀의 편을 들어주고 위로해주고자 이런 말을 하기 쉬우나 친구에 대해 부정적인 이미지를 갖게 할 수 있으니 주의하자. 아이에게 친구 탓을 하는 습관이 생긴다면 장기적으로 볼 때 사회성에 도움이 되지 않는다.

오늘은 친구와 다퉈서 엄마의 위로가 필요하지만, 앞으로는 다투지 않고 친하게 지내고 싶은 게 아이의 속마음이다. 친구와 다툴 때마다 부모가 친구에 대해 '안 좋은 친구'라고 못을 박으면 아이는 당황스럽다. 이러한 상황이 반복되면 부모의 판단이 두려워 친구 사이에 어려움을 느껴도 털어놓지 않을 수 있다. 판단하는 대신 아이의 경험을 있는 그대로 들어주고 힘들어하는 감정을 존중해주자.

엄마: 지영아, 2반에 서현이 알지? 옆 동 사는 친구. ✦
지영: 응, 알지.
엄마: 걔는 그렇게 인사를 잘하더라.
지영: 근데?
엄마: 너도 인사 좀 잘하라고. 주변 사람들이 지영이 칭찬에 입이 마르더라.

사회성을 기르기 위해 이같이 경쟁의식을 자극하는 것도 주의

가 필요하다. 우리는 종종 아이가 더 열심히 할 수 있도록 도우려고 경쟁의식을 자극하기도 한다. "민서는 이번에 다독상 받았다더라", "은혁이는 동생과 그렇게 잘 놀아준다던데" 같은 말들이다. 부모의 바람을 담아 친구와 비교하듯 말하는 것은 아이 자존심을 긁고, 경쟁의식을 자극한다. 아이들은 부모의 말속에서 부모의 바람을 알아채기보다 '비교당한다'라는 사실 자체에 불편함을 느낀다.

다른 아이들의 장점만 떼어 우리 아이와 비교하면 끝이 없다. 각자 잘하는 게 모두 다른데, 하나하나 비교당한다면 아이는 한없이 열등감을 느끼게 된다. 아이에게 긍정적인 자극을 주고 싶다면 남이 아닌, 아이의 전과 후를 기준으로 비교해야 한다. 아이의 성장 자체에 관심을 두고 나아지는 모습을 아이에게 알려주어야 한다. 자신의 나아지는 모습을 인정해주는 부모로부터 아이는 큰 에너지를 얻는다. 표를 통해 아이의 성장을 인정해주는 표현 방식을 확인해보자.

비교하는 말	성장에 초점을 두는 말
"네 동생도 혼자 알아서 공부하는데 넌 꼭 시켜야만 하니?"	"혼자서 공부하는 건 너도 충분히 할 수 있는 일이야. 우리 같이 도전해보자."
"옆집 서현이는 집에서도 늘 책을 읽는다더라. 너도 책 좀 봐."	"오늘은 무슨 책을 읽고 싶어? 엄마가 읽어주었으면 하는 책 있으면 가져와 볼래?"
"친구들은 다 혼자 잔다더라. 아직도 혼자 못 자면 어떡하니?"	"두려울 수 있어. 연습하는 과정이 필요할 거야. 어떻게 도와주면 혼자 잘 수 있을까?"
"은수는 인사를 이렇게 잘하는데 넌 뭐가 부끄럽다고 인사도 못 하니?"	"처음엔 쑥스러울 수 있어. 그런데 계속 외면하다 보면 사람들이 네 마음을 오해할 수도 있어. '안녕하세요' 하기가 힘들면 작게 눈인사라도 하면 된단다."

사회성의 기본은 상대방을 존중하는 태도에 있다. 부모로부터 존중받은 아이는 남을 존중할 수 있다. 아이를 비교 불가능한 소중한 존재로 생각하고 남과 비교하지 말아야 한다. 친구나 형제자매와 갈등을 겪는다면 아이의 힘든 감정을 인정해야 한다.

부모의 역할은 아이가 스스로 이성적으로 판단할 수 있도록 도움을 주는 것이다. 질문해주고, 아이의 말을 다시 한번 되짚어주는 것만으로도 아이는 스스로 관계 문제의 해결책을 떠올려볼 수 있다. 아이의 사회성 발달을 위해 판단하거나 비교하고, 일방적으로 해결책을 주던 말 습관을 내려놓자.

친구와의 갈등을 중재하는 말
"지금은 마음이 맞는 친구를 찾아가는 과정이야"

초등 교사들은 학교에서 많은 시간을 아이들 간의 갈등을 중재하는 데 쓴다. 상대방을 이해하지 못해서, 상대에게 지나치게 휘둘려서, 문제가 생겼을 때 적절한 해결법을 알지 못해서 일어나는 갈등들이다. 아이를 하나하나 살펴보면 친구를 사랑하는 마음이 있다. 하지만 표현하는 방법을 제대로 익히지 못하면 갈등이 생길 수밖에 없다. 부모는 아이가 친구와 어떤 갈등을 겪는지 이해하고 갈등을 잘 다룰 수 있도록 도와줘야 한다.

미국의 한 초등학교 교사가 인종 차별을 막으려고 실험을 고안했다.[*] 푸른 눈을 가진 아이와 갈색 눈을 가진 아이 두 그룹으로 나누고, 푸른 눈의 아이들에게 갈색 눈의 아이들을 차별하도록 지시했다. 시간이 지날수록 푸른 눈 아이들은 갈색 눈 아이들을 차별했고, 비아냥거리기까지 했다.

이후 교사는 역할을 바꿔 갈색 눈의 아이들이 우월하고, 푸른 눈의 아이들이 열등해지는 상황을 만들었다. 상황은 반전되어 갈색 눈 아이들이 푸른 눈 아이들을 차별하기 시작했다. 두 그룹의 학생들은 서로 입장을 바꿔 경험해보고, 차별이 얼마나 나쁜지 깨달았다. 이처럼 아이들은 상대방의 입장을 직접 느껴볼 기회가 주어질 때 상대방의 심정을 헤아리기 쉬워진다.

아이가 친구와 갈등을 겪을 때 상대방의 입장을 간접적으로라도 이해할 수 있게 다음과 같은 질문을 던지는 게 도움이 된다.

내용	질문하기
상황 파악하기	• "오늘 친구와 무슨 일이 있었는지 얘기해줄래?"
문제 해결 방식 확인하기	• "그래서 친구에게 뭐라고 대답했어?" • "그래서 넌 어떻게 했어?"
공감하기	• "넌 그때 어떤 기분이었어?"
상대방 관점	• "네가 그 친구라면 어땠을까?" • "네가 친구라면 어떻게 생각했을 것 같아?"
기회로 삼고 해결책 찾기	• "이번 일에서 어떤 점을 배웠어?" • "이 상황을 어떻게 해결해보면 좋을까?"

아이가 자신의 잘못을 정확하게 알지 못할 수도 있다.

"엄마, 내가 시소 타다가 장난치려고 훅 내려왔는데 맞은편 친구가 엉덩방아를 찧었거든? 근데 장난인데 개가 엄청 화를 내는 거야. 아주 기분 나빠서 밀치고 왔는데 개가 선생님한테 일렀어."

아이는 무엇을 잘못했는지 모르고 친구가 화를 낸 것과 자신을 이른 것에 대해서만 화가 나 있다. 엄마가 단순히 "시소에서 갑자기 내려오면 위험해. 다음부턴 조심해"라고만 말해주면 아이는 무엇이 잘못되었는지 정확히 알지 못한다. 아이의 말 속에 드러난 문제 상황은 3가지이다.

첫째, 시소에서 위험하게 내려온 것.
둘째, 친구에게 사과하지 않은 것.
셋째, 친구가 화를 낼 때 몸으로 밀친 것.

이 3가지에 관해 이야기를 나눠야 한다. 앞에서 제시한 표의 질문들을 주고받으며 친구 입장에서는 기분이 어땠을지, 앞으로 같은 상황에서 어떻게 행동해야 할지 대화를 나누자. 아이가 명확히 문제점을 알아채야 같은 갈등이 반복되는 걸 막을 수 있다.

친구 관계에서 휘둘리는 아이라면 거절의 중요성을 가르쳐야 한다. 제임스 알투처와 클라우디아 알투처의 저서 《거절의 힘》에서 기억에 남는 내용이 있다. 남들이 우리를 통제하려고 할 때 '아니요'라고 말하지 못하면 불행이 닥쳐온다는 부분이다.** 우리는 상대에게 상처를 주지 않도록 친절한 말투를 쓰면서도 단호하게 거절할 수 있어야 한다. 거절은 친구를 무시하고 얕보는 행동이 아니다. 내게 다른 중요한 일이 있음을 알려주고, 그 일에 집중하겠다고 표현하는 것일 뿐이다.

아이가 거절하는 일에 부담을 느끼지 않도록 다음과 같이 이야기해주자.

"친구는 참 소중하지. 하지만 너도 그 무엇보다 소중해."
"네 감정은 소중해. 친구에게 네가 싫어하는 것을 표현해도 된단다."
"너를 이용하려는 요구라고 생각된다면 거절해야 한단다."
"무조건 참지 말고 거절할 땐 거절해야 친구도 너에 대해 더 알아갈 수 있단다."

친구는 소중하지만, 아이가 자신을 희생하면서까지 특정한 아이와의 관계에 매일 필요는 없다. 친구에게 거절하는 방법을 부모와 연습해두는 것이 좋다.

"난 네가 이렇게 말하면 이런 기분이 들어. 그만해주면 좋겠어."
"난 네가 이 행동을 하면 좀 속상해. 다음부터는 이렇게 해주면 좋겠어."
"나도 정말 같이하고 싶지만, 지금은 이걸 해야 해. 다음엔 나도 함께할게."

한 번의 거절이 영원한 거절을 의미하지는 않는다. 거절을 당했을 때도 올바르게 해석할 수 있도록 거절당한 아이에게 다음과 같이 말해주자.

> "저 친구들은 자기들끼리 하고 싶은 게 있는 것 같네."
> "다른 애랑 놀아도 돼. 속상하지만 항상 내 생각대로 친구들이 따라주지는 않아. 내일 저 친구들이랑 놀 수도 있는 거고."
> "모든 친구와 단짝이 될 순 없지. 마음이 맞는 친구들을 찾아가는 과정인 거야."

아이들끼리 편을 가르며 따돌리는 경우는 지도하기가 참 어렵다. 친하게 지내는 아이들 그룹에서도 이런 일이 생긴다. 순서를 정하지는 않았겠지만, 이상하게 그룹 내에서 돌아가며 한두 친구를 소외시키고 따돌린다. 아이들이 왜 이렇게 편을 가르는지 알려면 먼저 인간의 본성을 이해해야 한다. 인간은 기본적으로 소속에 대한 욕구가 있다. 사람은 자신이 소속된 집단이 우수하다는 걸 증명할 때 기쁨을 느낀다. 우리나라 선수들이 올림픽에서 우수한 성적을 거둘 때 전 국민이 뿌듯함을 느끼는 것도 이 때문이다. 혹은 다른 사람이나 집단을 견제하고 비난함으로써 우리 집단이 더 우수하다는 걸 증명하기도 한다.

정신분석에서는 이를 방어기제Defense Mechanism로도 설명한다. 아직 미숙한 아이들은 자신에게 잘 해주면 좋은 사람, 못 해주면 나쁜 사람으로 생각한다. 좋은 사람과 나쁜 사람으로 구분하는 경향이 편 가르기로 이어질 수 있다. 끊임없이 내 편과 내 편이 아닌 친구를 구별하려고 한다. 옳지 않은 행동이지만 종종 나타난다. 내아이가 편 가르기를 하지 않도록 가르치는 것은 물론 친구가 편 가르는 행동을 할 때도 휘둘리지 않도록 알려주자. 우선 마음속으로 싫은 친구가 있어도 그걸 여과 없이 표현하지 않도록 이렇게 가르치자.

> "모든 사람을 똑같이 좋아할 수는 없어. 싫어하는 친구도 있을 순 있지. 하지만 그걸 다른 친구들 앞에서 말해선 안 돼. 누구랑 놀지 말라고 친구에게 얘기해서도 안 돼. 이건 친구를 따돌리는 것으로 이어져. 따돌림은 폭력이야."
>
> "친구들에게 '너 현아랑 놀지 마', '현아는 이런 게 이상해' 하고 말해선 안 돼. 남에게 상처가 될 수 있는 말과 행동은 해선 안 되는 거야."

또한 친구가 나를 소외시켜도 위축되지 않도록, 편을 가르려 해도 휘둘리지 않도록 가르쳐야 한다. 아이와 미리 연습해서 말할 수 있도록 도와야 한다.

아이들은 친구 관계에서 갈등을 해결하면서 사회성을 키운다. 그 과정에서 시행착오는 당연히 겪을 수 있지만 무엇을 잘못했는지 알지 못한다면 하나하나 짚어주어야 한다. 상대방의 입장에서 생각하는 것이 자연스러워지는 데까지는 시간이 상당히 필요하다.

소외시키는 친구의 말	휘둘리지 않는 적절한 대답
• "너랑 안 놀 거야."	• "그래. 다음에 기회 되면 같이 놀자."
• "쟤는 끼워주지 말자."	• "네가 정 불편하면 다음에 놀자고 하자."
• "쟤는 이런 게 이상해."	• "친구마다 장단점이 다르니까. 네 마음엔 맞지 않을 수 있겠다. 근데 오늘 점심은 뭐 나오지?" (친구 마음을 알아준 뒤 험담이 이어지지 않도록 다른 이야기로 화제를 돌린다.)

갈등을 겪을 땐 상대방 입장에서 생각해보도록 질문을 해주자. 친구 입장도 고려하지만, 친구 관계가 너무 소중한 나머지 관계에 휘둘리지 않도록 자신의 의사를 명확히 표현하게 돕자. 평상시 부모와 나누는 대화를 통해 친구 사이에서 일어나는 갈등을 다룰 줄 아는 아이로 성장할 것이다.

5-5

형제자매 사이의 갈등을 중재하는 말

"서로에게 더 나은 방법을 같이 찾아보자"

　　형제자매 사이의 다툼에는 여러 종류가 있다. 사소하게 티격태격하다가 아이들끼리 갈등을 해소하는 일은 잦다. 서로 화가 나서 갈등이 조율되지 않고 점점 더 날 선 말을 내뱉기 시작할 때는 부모가 개입해 대화하는 것이 도움이 된다. 신체적인 폭력을 가하려는 모습이 보인다면 당장 개입해 아이들이 다치지 않도록 떼어놓아야 한다. 형제자매의 다툼을 해결할 때 꼭 기억해야 할 3가지 원칙이 있다.

　　첫째, 두 아이의 입장을 모두 이해해주어야 한다.
　　둘째, 행동에 한계를 정해주어야 한다.

셋째, 아이들이 해결책을 스스로 제안하도록 한다.

형제자매가 다투는 것을 본 부모는 보통 "누가 먼저 그랬어?"라고 물으며 원인 제공자를 찾고자 한다. 그다음 "네가 잘못했잖아! 너도 잘한 것 없어" 같은 말로 잘잘못을 가린다. "한 번만 더 싸워봐라. 혼날 줄 알아!"라고 경고를 하기도 한다. 형제자매 사이에서 벌어진 갈등을 해소하는 익숙한 패턴이다.

지금부터 갈등을 해결하는 부모의 첫 마디부터 바꿔야 한다. "누구야? 누가 먼저 그랬어?"라고 물으면 문제 해결에 초점이 가지 않고, '난 잘못 없어! 쟤 때문이야'라는 회피 회로가 먼저 켜진다. 나를 보호하려고 변명이 늘어나고 상대 탓을 하게 되어 형제자매 사이는 더 멀어질 수 있다.

가르쳐주려면 일단 아이를 진정시켜야 한다. 아이를 진정시키려면 부정적인 감정을 먼저 인정해야 한다. '뭘 그런 것 갖고 그래', '너도 그런 적 있잖아'라는 말은 해서는 안 된다. 예시를 보자.

"엄마는 동생하고만 놀아!"
⇒ "아니야. 아까는 너랑 장난감 놀이했잖아." (×)
⇒ "엄마가 동생이랑 오랜 시간 같이 있으니 싫었구나." (○)

"엄마, 오빠가 나보고 바보래요."
⇒ "오빠 말 신경 쓰지 말고 가서 놀아." (×)
⇒ "그랬어? 오빠가 그렇게 말해서 화났겠다." (○)

아이가 형제자매에게 가진 부정적인 감정은 인정해주되 때리거
나 욕하는 등의 폭력은 쓰지 않도록 한계를 정해주어야 한다.

"너 동생 팔이라도 부러져야 속이 시원하겠어? 당장 그만해!" (×)

"네가 얼마나 화났는지 엄마도 알아. 하지만 절대 때려서는 안 돼.
말로 하자." (○)

"형한테 돼지라니! 너도 다 먹은 적 있으면서 형한테 왜 그래?" (×)

"형을 돼지라고 부르지 말고, 네가 형에게 원하는 걸 말로 이야기
해보겠니? (○)

우선 아이들의 다툼을 대할 때 자주 사용하는 부모의 말부터
바꿔보자.

서로 비난하게 되는 말	관계 개선에 도움을 주는 말
• "누가 시작한 거야? 누가 먼저 그랬어?"	• "지금부터 같이 문제를 해결하는 거야." • "서로에게 더 나은 방법을 찾아보자."
• "네가 잘못해서 그런 거 아니야?"	• "지금부터 차례대로 이야기하는 거야." • "상대방이 이야기할 땐 기다려주자."
• "누가 그래래? 이게 무슨 짓이야?"	• "이걸 원했던 건데 잘 안되었구나."
• "당장 서로 사과해. 한 번만 더 싸우기만 해봐라."	• "앞으로 이런 다툼이 생기지 않으려면 어 떤 약속을 정하는 게 좋을까?"

형제자매의 갈등은 각자의 입장이 있어 부모가 들어봐도 명쾌
한 답을 내리기 쉽지 않다. 이럴 땐 답을 주려고 하지 말고, 아이

들끼리 문제를 해결할 수 있게 먼저 기회를 주어야 한다. 아이들의 갈등이 어려운 문제임을 인정해주고, 함께 문제를 해결할 수 있을 것이라는 믿음의 말을 해주면 된다.

"정말 어려운 문제다. 둘 다 이걸 갖고 싶구나. 아빠는 너희가 함께 고민해보면 서로가 만족할 수 있는 좋은 방법을 찾을 수 있을 거라고 생각해."

부모가 보지 못하는 사이에 서로에게 손이 올라가거나, 물건을 던지려는 등 위험해 보이는 상황이 생길 수 있다. 부모 입장에선 "이게 뭐 하는 짓이야!" 하고 소리 지르기 쉬운 상황이다. 아이들 간의 갈등이 격한데 부모의 큰소리까지 더해지면 아이들의 감정은 더욱 요동친다.

아이들의 감정에 부모가 휘말리지 말자. 어렵겠지만 크게 심호흡하고, 소리치고 싶은 감정을 가라앉히자. 아이들에게는 현 상황을 있는 그대로 묘사해서 자신들의 행동이 얼마나 위험한지 인식하도록 하면 된다. 이때 부모는 단호한 목소리로 말해야 한다.

"언니에게 책을 던지려는 거니? 그러다가 모서리에 다칠 수 있어."
"넌 우산으로 때리려는 거야? 그러다가 둘 다 위험해져."
"손에서 물건을 내려놓고 진정해. 아무리 화가 나도 폭력은 절대 안되는 거야."

서로에 대한 부정적인 감정이 극에 달했을 때는 서로 떨어져서 부모와 대화하는 게 낫다. 두 아이를 서로 다른 공간으로 이동시키고, 한 아이씩 따로 대화를 나눈다. "어떻게 된 거야?"라고 상황을 물어보고 아이가 충분히 자신의 감정을 표현할 기회를 준다. 분노를 표출할 수 있도록 형이나 동생 대신 인형을 때리게 할 수도 있다. 평소 힘든 마음을 표현하지 못하는 아이에게는 도움이 될 수 있지만, 인형이나 물건에 대한 폭력이 사람에 대한 폭력으로 이어지는 아이도 있으니 주의가 필요하다. 상대방에게 원하는 것이나 앞으로 바라는 모습을 그림으로 그리게 하는 것 등도 도움이 될 수 있다.

소유 문제는 형제자매 간에 다툼을 일으키는 주요한 원인이다. 부모 눈에는 작은 것도 양보하기 싫어하는 아이들이 이기적으로 보일 수 있지만 '내 것'이라는 소유 개념이 아이들에겐 무척 중요하다. '내 것'이라는 소유의 경계가 분명해야 하고, '내 것'에 대한 내 권리를 인정받아야 한다. 소유가 분명할 때, 다른 아이와 공유가 가능해진다. 다음의 예를 보자.

> **동생:** 언니, 나 이 머리띠 좀 빌려줘. ✦
> **언니:** 야, 안 돼. 그거 내 거잖아. 오늘 쓸 거야.
> **동생:** 언니 오늘 모자 쓴댔잖아. 한 번만 빌려달라고!
> **언니:** 안 된다니까!
> **엄마:** (동생 편을 들 때) 어차피 모자 쓸 거면 좀 빌려주면 되지.
> (언니 편을 들 때) 꼭 언니 걸 써야겠니? 다른 머리띠도 많은데?

내 것이 아닌 것을 빌리려 할 때는 정중하게 허락을 구해야 하고, 상대방이 거절할 때는 받아들여야 한다. 하지만 부모가 단호하게 물건 주인인 언니의 편만 든다면 동생은 마음이 심히 상한다. 반대로 양보하지 않는 언니를 핀잔하며 동생 편을 들면 언니의 마음이 다친다. 이럴 때는 부모가 어느 편도 들지 말고 서로의 욕구만 인정해주자. 물건에 대한 권리가 언니에게 있음을 명확히 인정해주되 동생의 욕구도 인정해주는 말을 해주는 것이다. 그다음 최종 결정은 아이들끼리 하도록 기회를 준다.

엄마: 둘 다 양보하기 어려운 상황이구나. 꼭 이 머리띠를 써야 하는 이유가 있어?

동생: 오늘 친구들하고 같이 까만 머리띠 하고 와서 사진 찍기로 했단 말이에요.

언니: 얘는 내 물건 망가뜨릴 때가 많아요. 이거 부러뜨리면 어떡해요.

엄마: 머리띠는 언니 거니까 언니가 결정하는 게 맞지. 하지만 동생도 사정이 있구나. 어떻게 하면 좋을까. 둘이서 상의해보렴.

동생: 언니 내가 진짜 깨끗하게 쓸게.

언니: 뭐 묻히면 어떡할 건데?

동생: 혹시 뭐 묻히거나 하면 똑같은 거로 다시 사줄게. 어디서 파는지 알아.

언니: 너 약속했다? 그러면 오늘만 써.

아이들에겐 누가 뭘 잘못했는지 판단해주는 사람이 필요한 게 아니다. 서로 대화하고 조율할 수 있도록 중간 역할을 해주면 된다. 아이들에게 서로를 공격하고 다투는 것이 목적이 아니라는 것을 인식시켜야 한다.

문제 해결이 대화의 목적이다. 폭력적인 방법을 쓰지 않고도 의견을 조정할 수 있다는 것을 아이들은 반복적으로 경험해야 한다. 모두에게 더 나은 방법을 찾기 위해선 대화가 필요하다는 사실을 아이들은 자연스럽게 깨닫게 될 것이다. 나중에는 부모가 개입하지 않아도 아이들 스스로 대화로 해결하는 모습을 볼 수 있을 것이다.

6장

**공부하는 아이로
키우는 부모의 말**

결과보다는 과정에 초점을 맞추고 응원해주세요.
실수도 소중한 배움의 자산임을 알려주세요.
지시와 강요 대신 스스로 자신의 학습에 대해 생각해서
결정하도록 도와주면 됩니다.

˅ ˅ ˅ ˅ ˅ ˅ ˅ ˅ ˅ ˅ ˅ ˅ ˅ ˅

"숙제를 언제 시작할 건지 시간 정해서 알려줘.
네가 시작할 시간을 놓치지 않게 도움이 필요하다면
엄마가 나중에 말해줄게."
"공부하는 게 많이 힘들지?
힘들어도 최선을 다해보는 이 경험이 정말 소중해.
아빠는 네가 열심히 하는 태도를 배워가는 걸 보니 정말 기특해."
"틀린 건 새로운 것을 배울 기회야.
어떤 부분을 몰라서 틀린 건지 찾아볼까?
그 부분만 다시 살펴보고 이해하면 되겠다."

공부 무기력증에서 벗어나게 하는 말

"자꾸 헷갈리지? 어떻게 하면 기억하기 쉬울까?"

　　일상생활은 문제없이 해내지만 유독 학습에서 무기력한 태도를 보이는 아이들이 있다. 아이의 평소 지적 수준을 생각하면 충분히 해결할 수 있는 과제인데, 아예 학습지의 질문을 읽어보지 않기도 한다. 스스로 뭔가를 해내고자 하는 욕구가 상실된 것이다. 욕구가 없어 시도하지 않다 보니 점차 생각하는 능력, 판단하는 능력 등이 떨어진다. 잘 해내지 못하니 다시 의욕을 잃는 악순환이 반복되는 것이다. 우리 아이에게 공부 무기력증을 유발시키는 대화 패턴이 있다면 벗어나야 한다.

　　심리학 용어 중 '부작위 편향Omission Bias'이라는 개념이 있다. 어떤 행동을 해서 얻는 손해보다 아무 행동도 하지 않아서 얻는 손해가 더 낫다고 느끼는 경향을 말한다. 간단히 말하면, 행동해서 손해 입을 바엔 차라리 아무것도 하지 않고 손해를 입겠다는 것이다. 예를 들어 청소할 때마다 제대로 되지 않았다고 아내에게 잔소리를 듣는 남편이 있다고 하자. 이후 그는 차라리 청소하지 않고 잔소리를 듣는 편이 낫다고 생각하게 된다.

아이들에게서도 부작위 편향이 나타난다. 해도 혼날 것 같으니 안 하고 잔소리를 듣겠다고 생각하는 것이다. 평소 잔소리를 자주 듣는 아이, 지적을 많이 받는 아이, 별로 노력하지 않은 일에도 칭찬부터 받던 아이는 '차라리 안 하고 말지'라는 생각을 쉽게 한다. 부작위 편향이 계속되면 시도조차 하지 않으려는 아이로 성장할 수 있다. 아이 속에 이런 마음이 자라기 때문이다. 아이는 이유도 모른 채 학습과 관련된 활동들이 '그냥' 싫어질 수 있다.

상황	부모의 잔소리	아이의 속마음
아이가 문제를 틀린 상황	"이건 이렇게 하면 안 되지. 왜 자꾸 실수를 반복해?"	'해봤자 틀릴 텐데 하면 뭐 하겠어. 혼나기만 하지'.
아이가 일기를 쓴 상황	"일기 쓸 땐 좀 구체적으로 쓰라고 했잖아."	'아, 일기 쓰기 너무 싫다. 진짜 안 하고 싶어.'
아이가 숙제를 한 상황	"숙제할 때 글씨 좀 똑바로 써."	'숙제 열심히 했는데 칭찬은 안 해주고 엄마는 맨날 잘못된 거만 뭐라고 해.'

부작위 편향으로 인한 포기를 막으려면 일단은 수고한 아이를 인정하고 격려부터 해주어야 한다. 그 후 배워야 할 부분이 있다면

알려주면 된다.

"문제 푸느라 수고했구나. 끝까지 잘 마무리했어. 몰랐던 개념이 있었다면 틀린 문제를 통해 배우면 되는 거야. 일단 스스로 한 번 고쳐볼래?"

"일기를 썼구나. 어떤 주제로 일기를 쓸지 스스로 정한 것만으로도 잘한 일이야. 일기는 추억으로 남기 때문에 나중에 읽었을 때도 잘 이해할 수 있도록 쓰는 게 좋아. 어떤 부분을 좀 더 자세히 써보면 좋을까?"

"까먹지 않고 숙제를 잘 기억했네. 스스로 해결했구나. 기특하다. 선생님께서 이 좋은 내용을 잘 알아볼 수 있으려면 반듯한 글씨로 쓰는 게 좋을 것 같은데. 네 생각은 어때?"

아이에 대한 부모의 불신도 학습에 대한 무기력으로 이어질 수 있다.

"벌써 책상 정리를 다 했다고? 뭘 벌써 다했다는 거야. 대충 한 거 아니야?"

"네가 숙제 먼저 하고 노는 거라고? 거짓말하지 마. 숙제 가져와 봐."

"다 맞았다고? 공부하는 꼴을 보지 못했는데 어떻게 다 맞아. 거짓말이지?"

의심을 자주 받으면 자신에 대해 확신을 가지기 어렵다. 당연히 부모도 아이가 약속을 어긴 적이 있어 신뢰하기 어려울 것이다. 그러나 의심보다는 신뢰가 아이를 성장시킨다.

아이가 걸음마를 떼던 시절을 떠올려보자. 아이는 하루에 수십 번도 더 넘어졌다. 아이가 넘어질 때 '얘는 왜 또 넘어져. 제대로 걸으라고 몇 번을 말했는데'라고 생각했는가. 아니면 '아이가 지금은 넘어지지만, 곧 걷게 될 거야'라고 생각했는가. 당연히 후자이다. 걸음마뿐 아니라 삶을 살아가는 데 필요한 모든 기술, 특히 학습 태도는 여러 차례 연습을 통해 습득한다. 아이가 넘어져도 결국에는 걸을 것이라고 믿었던 것처럼 아이가 실수해도 결국에는 좋은 행동을 배울 거라고 믿어주자.

의심이 섞인 말을 하지 않으려면 질문부터 바꿔야 한다. 의심을 담아 "너 이거 다 했어?"라고 말하면 "네"라는 대답을 들어도 "어디 한 번 가져와 봐. 확인해보게. 거짓말 아니야?" 같은 패턴으로 말을 하게 된다. 아이를 신뢰하고 자율적으로 할 수 있도록 질문을 바꿔야 한다.

"책상 정리 다 했어?" → "책상 정리를 며칠에 한 번 정도 하면 좋을까? 네가 결정한 대로 실천해보렴."
"숙제 다 했어?" → "숙제를 언제 시작할 건지 시간 정해서 알려줘. 네가 시작할 시간을 놓치지 않게 도움이 필요하다면 엄마가 나중에 말해줄게."

"공부 안 했지?", "거짓말이지?"라는 말들은 아이에게 위협을 가하는 불신의 말이다. 위협하거나 "빨리해!"와 같이 압박하는 방식은 굉장히 타율적이다. 타율적인 상황에 놓이면 아이는 의욕을 잃는다. 부모에 '의해' 공부 습관을 길들이면 정작 스스로 공부해야 할 때 아이가 공부에 손을 놓을 수 있다. 아이를 향한 믿음을 바탕으로, 아이에게 학습의 결정권을 부여하는 것이 중요한 이유이다. 당연히 "뭐해! 빨리 공부하지 않고"라고 말하고 싶겠지만 "공부를 언제 할지 결정했어?"와 같이 말해보자.

> 아빠: 공부 좀 해!
> 아이: 아, 알아서 할게.
> 아빠: 뭘 알아서 해! 시작도 안 하고 미루고 또 미루고. 조금만 하면 잘할 수 있잖아?
> 아이: 아니거든! 아빠는 아무것도 모르면서.
> 아빠: 어릴 땐 안 그랬는데 왜 그러냐 진짜. 하면 잘할 애가.
> 아이: 못 한다고. 하기 싫다고.

'자기 불구화 전략Self Handcapping'이라는 용어가 있다. 앞으로 일어날 실패로 인해 자존심이 다치는 것을 막기 위해 아예 노력하지 않는 것을 말한다. 아이가 스스로 '내가 실패가 두려워서 시도를 못 하고 있구나'라고 명확하게 파악하지는 못한다. 위 대화 속의 아이처럼 무의식중에 공부가 싫어지고 노력을 피하게 된다. 부모는 노력하지 않는 아이가 답답하지만, 원인을 찾지 못해 어렵다. 이러한 상황을 막기 위해서라도 아이에게서 실패의 공포를 걷어주어야 한다.

캐롤 드웩 교수의 'The power of yet('아직'의 힘)'이라는 TED 강연을 보자.* 이 강연에서 캐롤 드웩 교수는 시카고의 한 고등학교 이야기를 소개한다. 학생들은 졸업을 하기 위해 일정한 수의 과목을 꼭 이수해야 한다. 이수하지 못하면 '아직Not yet'이라는 학점을 받는다. '낙제Fail'라는 평가를 들으면 마음이 낙심되지만 '아직'이라는 평가를 받으면 기회가 남아 있다는 희망이 생긴다.

평소 실패에 대해 부정적인 생각이 들지 않으려면 실패도 소중한 과정 중 하나라는 것을 깨달아야 한다. 공부하면서 실패를 경험해도 인생을 살아가는 자세를 배울 수 있다. "너 이 성적으로 뭐 먹고 살래?" 같은 말은 삼가야 한다.

아이 성적을 부모의 체면으로 생각해서 '너 때문에 엄마가 부끄러워서 얼굴을 못 들겠어'와 같은 말도 삼가자. 공부의 결과만 가지고 아이를 평가하는 부정적인 말은 아이의 무의식 속에 '자기불구화 전략'을 발동시킨다. 대신 공부가 우리 삶에서 가지는 의미를 알려주자. 꼭 공부에서 최고가 될 필요는 없다. 하지만 어떤 일이든 성실히 해낼 수 있는 자질을 닦는 과정이 공부임은 알려주어야 한다.

"공부가 잘 맞지 않는 사람도 있어. 그런데 우리는 꼭 공부를 잘하려고 공부하는 건 아니야. 힘들지만 참고 공부를 해보면서 성실한 태도를 연습하는 거야. 포기하지 않고 한 번 해보는 경험, 싫어도 참는 경험. 우리가 꼭 경험해야 하는 거지."

"공부하는 게 많이 힘들지? 힘들어도 최선을 다해보는 이 경험이 정말 소중해. 아빠는 네가 열심히 하는 태도를 배워가는 걸 보니 정말 기특해."

"성적은 낮아도 괜찮아. 하지만 성적이 낮을 것이라고 지레 겁먹고 손 놓고 있는 건 아니야. 내일 어떤 성적이 나와도 아빠는 널 사랑해. 결과와 상관없이 끝까지 포기하지 않고 해보는 거야."

이유 없이 무기력해지는 아이는 없다. 안 하는 게 차라리 낫다는 생각이 들 만큼 지친 아이, 신뢰받지 못해 스스로도 신뢰하지 못하는 아이, 평가가 두려워 노력조차 하지 못하는 아이가 있을 뿐이다. 내 아이가 시도한 것들에 대해 인정하고 격려해주는 것, 과정의 중요성을 알려주고 결과로 단죄하지 않는 것, 실수를 반복해도 언젠가는 잘 배울 거라는 사실을 믿어주는 게 학습에 대한 포기와 무기력을 막는 중요 포인트임을 기억하자.

피해야 하는 말

- "받침 좀 제대로 쓰라니까."
- "설거지하고 나면 물기 꼭 닦으라니까. 돕는다더니 일을 더 만들고 있어."
- "너 땜에 창피해서 얼굴을 들 수가 없다."

들려주어야 하는 말

- "받침이 자꾸 헷갈리나 보다. 어떻게 하면 기억하기 쉬울까?"
- "설거지도 도와주고 정말 고마워. 물기는 엄마가 대신 닦을게. 깜박할 수 있어."
- "성적이 어떻게 나오든 엄마는 노력하는 네 모습이 기특해. 공부하면서 이렇게 포기하지 않는 자세를 배우면 되는 거야."

6-2
성장하는 사고방식을 갖게 도와야 한다
"오히려 틀린 덕분에 새로운 걸 배워가네"

　새해면 많은 사람이 새로운 결심을 한다. 헬스장 가기, 영어 공부 꾸준히 하기, 자격증 따기 등 굳은 결심을 하지만 애석하게도 작심삼일에서 대개 끝나고 만다. 실패한 자신을 보며 '어휴, 이번에도 망했네. 에라 모르겠다. 그냥 포기하자'라고 생각하는 사람도 있다. 일부는 실패해도 다시 시도해서 결국 목표치를 이뤄내기도 한다. 아이들도 마찬가지이다. 공부하면서 여러 차례 실패를 맛보고 포기하는 아이도 있고 실패해도 끝까지 도전해서 결국 해내는 아이도 있다. 이 두 유형은 사고방식에 큰 차이가 있다.

　마인드셋Mindset은 캐롤 드웩 교수가 제시한 개념이다.* 마인드셋은 '고정 마인드셋'과 '성장 마인드셋' 2가지로 나뉜다. 둘의 차이는 삶을 대하는 관점이다. 고정 마인드셋은 타고난 지능과 재능은 변하지 않는다고 생각하는 관점이고, 성장 마인드셋은 얼마든지 노력에 따라 지능과 재능도 성장할 수 있다는 관점이다. 성장 마인드셋을 가진 사람은 실패도 성장의 과정이라고 생각해 쉽게 흔들리지 않는다. 고정 마인드셋을 가진 사람은 실패하면 '난 능력이 모자라서 그래'라고 생각하며 쉽게 체념한다.

마인드셋은 학업에도 큰 영향을 준다. '난 실수를 통해서도 새로운 걸 배울 거야. 더 열심히 하면 잘할 수 있을 거야'라고 생각하며 쉽게 포기하지 않는다. 다른 공부법을 찾아보는 등 학습을 좀 더 효율적으로 하기 위해 고민도 하고 실천한다. 반면 '난 원래 못하는 아이야. 어쩔 수 없네'라고 생각하는 아이는 지레 겁먹고 학습을 포기한다. 고정 마인드셋을 가진 아이와 성장 마인드셋을 가진 아이의 태도는 다음과 같이 차이가 크다.

고정 마인드셋을 가진 아이	성장 마인드셋을 가진 아이
• "난 어차피 실패야." • "난 수학은 포기했어." • "해봤자 점수도 나쁠 텐데." • "쟤는 머리가 왜 저렇게 좋아?" • "해도 안 될 바엔 안 하는 게 낫지."	• "좀 더 연습하면 달라질 수 있어." • "수학을 좀 더 쉽게 익힐 방법이 없을까?" • "지금은 모르는 문제가 많아도 연습하면 쉬워질 거야." • "저 친구는 열심히 공부했구나." • "조금씩 노력하다 보면 성적이 오를 거야."

아이가 성장 마인드셋을 가지도록 도우려면 어떻게 해야 할까. 작은 시도, 작은 변화, 작은 노력이 가져다주는 영향력을 알려주는 것이 중요하다. 이렇게 말해보자.

"그거 조금 한다고 성적이 오르겠냐?" → "작은 변화면 충분해. 네가 공부를 시작한 것만으로도 가치 있는 거야. 작은 노력이 쌓이면 성적에도 변화가 나타날 거야."

"성적이 이게 뭐니. 20점은 더 올려야겠다." → "단번에 20점을 올리겠다고? 조금씩 향상되는 것만으로 충분해. 조급해하지 않아도 된단다."

아이들은 종종 친구들과 자신을 비교해본다. 스스로 부족하다는 생각이 들 때는 쉽게 상처를 받는다. 평소에 스스로를 비하하는 말을 한다면 생각이 바뀌도록 말해줄 필요가 있다.

아이: 난 왜 이렇게 뺄셈이 어려워? 머리가 나쁜가 봐.
부모: 지금은 답답할 거야. 누구나 연습이 덜 되었을 땐 어려울 수 있어. 그런데 지금 매일 조금씩 연습하고 있잖아? 이것만으로도 좋은 습관이 몸에 밴 거야. 앞으로 뺄셈에 익숙해진다면 훨씬 쉬워질 거야.

아이는 자신의 능력이 부족하다고 생각했는지 지레 포기한다. 능력이 아닌 노력이 모자랐던 것이라고 인정할 수 있도록 도와주자. 아이가 스스로 원인을 찾고, 해결책을 모색할 수 있도록 대화를 나누는 것이 도움이 된다. 예를 들어 문제를 잘 안 읽고 풀어서 늘 틀리는 아이라면, "또 문제 안 읽고 풀었네. 그러니까 틀리는 게 당연하지. 문제 좀 제대로 읽어"보다는 다음의 대화가 도움이 된다. 아이 스스로 개선점을 찾도록 도움을 주는 방식이다.

엄마: 풀 줄 아는 문제인데 틀렸구나. 왜 그런 것 같니?　✦

아이: 문제를 제대로 못 읽었어요.

엄마: 그랬구나. 아는 문제인데 실수로 틀려서 속상하겠어.

아이: 네.

엄마: 실수하지 않으려면 문제를 제대로 읽는 게 정말 중요한데, 어떡하면 좋을까?

아이: 문제가 길어도 좀 천천히 읽어봐야겠어요.

엄마: 좋은 생각이다. 밑줄 그으면서 읽으면 천천히 읽는 데 도움이 될 것 같기도 하네.

아이: 네. 그렇게도 해봐야겠어요.

펜실베이니아대학 심리학자 앤절라 더크워스Angela duckworth는 《그릿Grit》이라는 책을 통해 성공의 비결을 밝혔다.** 육군사관학교 신입생 훈련에서 끝까지 훈련을 받는 사람들, 문제아를 그만두지 않고 끝까지 가르치는 교사들, 포기하지 않고 좋은 판매 실적을 내는 영업사원 등 다양한 분야의 사람을 연구한 결과, 이들의 공통점을 발견했다. 실패 속에서도 끝까지 견뎌내는 힘, 포기하지 않고 노력하는 힘을 가졌다는 것이다. 성공을 결정짓는 열쇠는 운, 재능, 외모, 가정환경도 아닌 '끝까지 포기하지 않는 열정적 끈기'이다.

수학 수업을 하면서 시간적 여유가 될 때 종종 아이들에게 창의력 문제를 제시한다. 창의력 문제들은 기존의 방식과 다른 방식으로 생각할 때 '아!' 하고 풀린다. 하지만 새로운 접근 방식을 찾기까지 시간이 꽤 걸린다. 대부분 아이는 포기하고 정답을 알려달라고 한다. 그중 몇몇은 "정답 알려주지 마세요! 직접 풀 거예요!"라며 정답을 보지 않는다. 쉬는 시간마다 친구와 머리를 맞대고 고민하다가 결국은 풀어낸다. 끝까지 포기하지 않는 태도를 가지고 있는 아이들이다. 이러한 아이들은 실패에 대한 두려움이 적다는 공통점이 있다.

아이가 실수를 반복하거나 잘못된 행동을 할 때 부모로부터 심하게 야단맞기도 한다. 어떤 아이들은 기질이 강해 저항감을 표출하지만, 어떤 아이들은 잘못을 저지르는 게 두려워 위축된다. 공부하면서 실수나 실패에 대한 질책을 자주 받은 아이에게서 실수나 실패에 대해 두려움을 지닌 모습을 관찰할 수 있었다. 아이가 끝까지 포기하지 않는 태도를 가지려면 실패에 대한 두려움이 줄어야한다.

아이가 실패를 두려워하지 않게 도우려면 어떻게 해야 좋을까. 평소 공부를 하는 아이와 대화를 나누면서 실패의 가치를 전달하는 것이 중요하다.

"틀린 건 새로운 걸 배울 기회야. 어떤 부분을 몰라서 틀린 건지 찾아볼까? 그 부분만 다시 살펴보고 이해하면 되겠다."
"사람들은 실수를 통해 성장해. 실수해봐야 무엇이 중요한지 배울 수 있지."

"받아쓰기 연습을 많이 했는데 틀린 게 있어서 속상하겠다. 이번에 실수한 걸 연습해두면 다음번에는 실수하지 않을 거야."

"안 틀리면 몰랐을 텐데, 틀린 덕분에 새로운 걸 또 하나 배워가네."

작은 노력의 힘을 믿는 아이, 끝까지 포기하지 않고 해내는 아이로 키우려면 부모가 먼저 실패에 대한 생각을 바꿔야 한다. 실패를 성공의 발판이라고 생각하는 게 필요하다. 부모 입장에서는 아이의 실수와 실패를 마주하는 일이 쉽지 않을 수 있다. 하지만 실수도 하고 실패도 겪어야 성장할 수 있다는 것을 꼭 기억하자. 실수와 실패에도 굴하지 않으며 끝까지 어려움을 해결해가는 어른으로 성장한 아이의 모습을 떠올려보자.

TIP 성장 마인드셋을 가질 수 있도록 말해주세요

이 말은 피해주세요

- "민수는 구구단 벌써 다 외웠다더라. 넌 언제 다 외울래?"
- "아주 간단한 건데 이걸 왜 이해를 못 해?"
- "뭘 비교를 해. 쟤는 쟤고 너는 너지."
- "또 실수했어? 잘 좀 보라니까."

이렇게 말해주세요

- "지금은 헷갈려도 매일 외우다 보면 어느 날 정확하게 외울 수 있을 거야."
- "설명을 천천히 읽어보자. 여러 번 반복하면 방법이 이해될 거야."
- "은수가 열심히 노력했나 보다. 너도 노력하다 보면 좋은 결과가 있을 거야."
- "실수를 통해 새로운 걸 배울 수 있어. 실수한 걸 다시 연습해두자."

6-3

학습 동기를 부여하는 말

"많이 노력했구나. 성장하는 모습이 기특하구나"

동기는 크게 내적 동기Internal Motive와 외적 동기Extrinsic Motive로 구분한다. 내적 동기는 '내 미래를 위해 열심히 공부해야지!'와 같이 행동하는 이유가 내면에 있는 것이다. 외적 동기는 '공부하면 아이스크림 먹을 수 있으니까 해야지'처럼 행동의 이유가 외부에 있는 것을 뜻한다. 학습 내용이 많아질수록 내적 동기가 강해야 적극적으로 공부에 임할 수 있다.

쉽지 않더라도 부모는 아이가 내적 동기를 가질 수 있도록 이끌어줘야 한다. 다만, 이성이 완전히 발달하지 않은 어린 시절에는 적절한 외적 동기도 필요하다. 학습 동기를 부여할 수 있는 대화법을 알아보자.

아이가 공부하도록 가장 쉽게 선택할 수 있는 외적인 방법은 잔소리이다. 결과에 따라 돈이나 선물 등 보상을 해주는 것도 아이를 책상에 앉도록 하는 방법 가운데 하나이다. 하지만 타율적인 방식, 물질적인 방식만으로는 부족하다. 스스로 공부의 이유를 찾고, 공부하는 아이가 되도록 돕는 데는 한계가 있으니 말이다. 아이의 자율성을 지키면서 적절히 동기를 부여할 수 있는 현실적인 대안이 필요하다.

다음 대화는 놀고 있는 아이를 보며 답답했던 엄마가 아이에게 잔소리하는 상황이다.

엄마: 빨리 들어가서 책을 보든 숙제를 하든 해. ✦
아이: 좀만 더 놀고요.
엄마: 이만큼 놀았으면 됐지 뭘 더 놀아. 빨리 들어가.
아이: 엄마는 맨날 잔소리야.
엄마: 잔소리는 무슨 잔소리! 네가 알아서 공부량 맞춰 딱딱 했어 봐. 엄마가 이런 말 할 필요도 없지.
아이: 알았어요! (문을 쾅 닫고 방으로 간다.)

대화 속 아이는 감정이 상한 채 방으로 들어갔다. 마음을 정리하고 학습에 집중하기까지 시간이 걸릴 거라는 사실을 예상할 수 있다. 노르아드레날린이라는 호르몬 탓이다. 이 호르몬은 위험한 상황일 때 도망치거나 싸울 수 있도록 센서 역할을 한다. 그런데

우리 뇌는 하기 싫은 일을 억지로 하는 것도 위험 상황으로 인지한다. 스트레스가 커서 그렇다. 뇌가 위기를 느끼는 상황에서 편안한 학습은 불가능하다. 애써 공부한다고 해도 뇌의 시냅스가 증가하지 않아 잘 남지 않는다. 아이가 '또 공부하라고 잔소리야!'라고 생각하는 순간, 동기부여와는 거리가 멀어진다고 보면 된다.

그렇다고 공부하라는 말을 안 할 수는 없다. 어떻게 말해야 효과적일까. 수사법Rhetoric이라는 대화 기술을 추천한다. 수사법은 '네 생각은 틀렸어', '이걸 해야 해'처럼 결론 내어 말하지 않고 상대방에게 질문하는 기술이다. "이렇게 생각해볼 수도 있지 않을까?", "미리 해놓는다면 잘 시간에 마음이 편안하지 않을까?"와 같이 질문을 하면 상대방이 자신의 의견을 낼 수 있다. 강요당하는 듯한 상황보다 의견을 존중받는 상황이 동기부여에 훨씬 도움이 된다.

"가서 책 좀 읽어." → "엄마는 책 읽을 건데, 너도 읽고 싶은 책 있니?"
"숙제 얼른 해." → "숙제하기로 한 시간이 몇 시였었지?"
"1시간은 앉아 있어야지!" → "몇 분 공부하고 몇 분 쉬고 싶어?"
"네 방 가서 공부해." → "공부하기로 정했던 시간이네. 오늘은 어디서 공부하고 싶어?"

위와 같이 지시적인 말투를 질문하는 말투로 바꿀 때 의견을 존중하는 느낌이 전달된다.

"~하면 ~해줄게" 또는 "~안 하면 ~안 해준다" 같은 말은 외적인 보상을 조건으로 거는 표현이다. 이러한 보상을 적절히 활용해 아이 행동을 변화시키는 데 도움이 되었던 경험이 있을 것이다.

> "마트 가서 엄마 말 잘 들으면 사탕 사줄게."
> "엄마 말 안 들었으니까 아이스크림은 없어."
> "밥 다 먹으면 갖고 싶다던 필통 사줄게."

외적 보상이 교육적으로 유익한지에 대한 연구는 상당히 진행되었다. 단순히 '좋다, 좋지 않다'와 같이 이분법적으로 판단할 수는 없다. 하지만 아주 기본적이고 당연히 해야 하는 일들까지 보상이 따르는 것은 좋지 않은 것이 분명하다. 나중에는 스스로 꼭 해야 하는 것들도 보상이 없이는 움직이지 않으려 할 수 있다.

외적 보상으로 조건을 거는 대신 제안하는 것을 추천한다. '이거 하면 이거 해줄게'가 아니라 '이렇게 해보는 건 어때?'라고 말하는 것이다. "숙제 다 하면 영화 보여줄게" 대신 "숙제 다 하고 나서 마음 편하게 같이 영화 보는 게 어때?"와 같이 말하는 것이다.

> 아빠: 이번에 100점 맞으면 폰 바꿔줄게. ✦
> 아이: 진짜죠? 다음에 또 1등 하면 그땐 뭐 사줄 거에요?

이 대화는 단순히 시험 결과를 두고 외적 보상만 제시하고 있다. 결과에 대한 보상만 반복한다면 보상 없이는 공부하지 않을 수 있다. 100점을 맞으려고 스스로 노력한 아이의 모습에 대한 격려와 칭찬, 그에 따르는 보상이 장기적으로 볼 때 도움이 된다.

아빠: 공부하는 게 좀 힘들어? ✦
아이: 네.
아빠: 당연히 쉽지 않은 일이지. 그래도 네가 포기하지 않고 공부해야겠다는 생각을 하는 모습이 아빠는 참 대견해. 당연히 해야 하지만 아빠가 응원을 해주고 싶네. 어떻게 응원해주면 좋을까?
아이: 음… 갈비 먹고 싶어요.
아빠: 좋아! 이번 주 외식은 갈비로 하자!

이 대화는 아이의 노력을 인정해주고 진심으로 아이를 응원하고자 하는 마음을 전하고 있다. 아이가 다시 힘을 내어 공부한다면 갈비 때문만이 아니라 부모의 진심 어린 격려 덕분일 것이다.

롤란드 프라이어 주니어Roland Fryer Jr. 교수의 실험도 주목할 만하다.* 학생들에게 금전적으로 보상했을 경우 초반에는 열심히 공부했지만, 이후에는 효과가 없었다. 즉 용돈은 장기적으로 아이에게 학습 동기를 주지 못한다. 적절히 활용하면 성적을 올리는 데는 도움이 된다고 한다. 앞서 강조했듯 결과에 대한 보상이 아닌 노력에 대한 보상을 말한다. 예를 들어 "책 많이 읽으면 용돈 준다"는 결과에 대한 보상이다. "책을 꼼꼼하게 읽고 어떤 이야기가 재밌었는지 자세히 들려주면 용돈 줄게"는 책을 읽은 과정, 노력에 대한 보상이다.

아이들에게 소속감과 책임감 등을 가르치려고 '부모님을 도와 청소기를 돌리면 500원, 구두를 닦으면 1,000원' 등 가사에 보상을 정해두고 적절한 용돈을 주기도 한다. 꼭 가르쳐야 할 것을 가르치기 위한 보상이다.

책 읽기에도 이를 적용할 수 있다. 학습의 기초를 닦으려면 책은 꼭 읽어야 한다. 아이가 책과 멀어지는 것 같으면 "책을 읽고 기억에 남는 장면을 동생에게 자세히 들려주면 아이스크림 줄게"와 같이 조건을 걸 수 있다. 책을 읽고 동생에게 설명해주는 과정에서 칭찬을 받고 즐거움을 느끼면 내적 동기도 가질 수 있다.

자녀가 고학년이라면 학습에 직접 도움이 될 만한 조건을 걸 수 있다.

"매일 연습 문제를 두 쪽씩 한 달간 풀면 용돈 줄게."
"하루에 영어 단어 20개씩 매일 외우면 다음 달에 용돈 더 줄게."

아이가 매일 약속을 지켰으나 성적이 낮게 나오면 주의하자. 성적이 낮다고 보상 약속을 지키지 않는 일은 없어야 한다. 어떤 노력을 기울였는지에 집중해야 한다. 노력의 가치를 아이에게 전하는 것이 중요하기 때문이다. 보상을 줄 때는 이렇게 노력을 칭찬해주자.

"성적은 상관없어. 매일 공부했던 네 노력을 진심으로 칭찬해주고 싶어. 기특하다."

"점수가 올랐네. 이번에 노력을 엄청 했구나. 약속대로 용돈을 주마."

"힘들 때도 있었을 텐데 참고 열심히 한 네가 대견하다."

물질적인 보상 외에도 가족과 함께 정서와 경험을 나누는 보상도 도움이 될 수 있다.

"이번에 독서 골든벨 대회에서 상 받으면 다 같이 캠핑 가자! 상 받으려면 책을 좀 집중해서 읽어봐야겠는걸?"

"네가 매일 꾸준히 수학 문제 푸는 걸 보면 엄마가 참 행복해. 이렇게 이쁜 딸이 어디 있을까."

"혼자서 숙제 먼저 하고 있을래? 그동안 맛있게 만둣국 끓여줄게. 다 먹고 산책도 가자."

"이 수학 문제집 다 끝내면 엄마랑 같이 종일 수영장에서 놀자!"

아이들을 행동하게 하는 가장 큰 동력은 '하고 싶다'라는 마음이다. 아이에게 동기부여를 하고 싶지만, 방법을 몰라 고민했다면 잔소리부터 멈추자. 스스로 생각해보도록 질문할 때 자율적으로 선택할 가능성이 커진다. 평소 물질적인 보상으로만 아이를 움직이는 것이 아닌가 고민되었다면 노력에 대한 보상으로 내용을 바꿔보자. 노력의 가치를 알아주고 인정해주는 분위기 속에서 내적 동기도 점차 생겨날 것이다.

TIP 아이의 동기를 높여주는 말

이런 말은 피해주세요

- "방에 가서 수학 문제집 풀어."
- "일기 쓰기 다 하면 사탕 줄게."
- "100점 맞으면 게임기 사줄게."
- "이야, 점수가 높은데? 똑똑하다."

이런 말을 들려주세요

- "수학 공부하기로 했던 시간이네. 오늘은 어떤 교재로 할 거야?"
- "일기 쓰기는 평생 도움 되는 습관이란다. 자연스러운 습관이 되도록 도움을 줄게. 이번 한 달간 매일 써보자. 성공하면 선물이 있을 거야."
- "시험 전까지 매일 세 쪽씩 공부해보자. 성적보다 노력이 중요해. 매일 해보고 시험이 끝나면 같이 바다 여행 가자! 노력에 대한 선물이야."
- "이번에 엄청 노력했구나. 지난번보다 성장한 게 눈에 보여 정말 기특하다. 수고했어."

효율적으로 학습하게 돕는 말

"제일 쉬워 보이는 문제부터 해보자"

학교에서는 곧잘 수업에 참여하지만, 집에서는 공부하기 싫다고 떼를 쓰는 경우가 종종 있다. 여러 원인이 있겠지만, 심리적인 요인이 가장 클 것이다. 가정에서 아이와 함께 공부할 때는 크게 3가지 관점에서 도움을 주어야 한다. 첫째로, 공부 시작 자체를 어려워하는 마음을 해결하기 위한 도움이 필요하다. 둘째로, 학습 내용에 관해 대화를 나눌 때 배려가 필요하다. 마지막으로, 아이가 스스로 공부할 힘을 키우도록 도와야 한다.

첫째, 공부를 수월하게 시작하도록 돕는 격려의 방식을 알아보자.

계속 미루거나 공부를 시작하는 것을 어려워하는 이유는 단순히 게을러서가 아니다. 학습 수준이나 학습량이 부담스럽게 느껴져 시도하기가 어려운 것이다. 학습량 자체가 많지 않더라도 아이에게는 큰 부담으로 다가올 수 있다. 심적 부담이 커지면 해낼 엄두가 나지 않는다. 이럴 때는 아이에게 큰 과제를 작게 쪼개어 제시하는 것이 도움이 된다.

"10문제 중에 가장 쉬워 보이는 것부터 해보자."
"우선 한 페이지만 읽어보자."
"단숨에 5층까지 갈 수는 없어. 일단 한 계단만 오른다고 생각하면 돼."
"앞에 3문제만 먼저 풀어볼까."

공부량과 공부 시간을 제시할 때도 아이 마음에 부담을 줄이는 방법이 있다. 판매 전략으로 주로 활용되고 있는 '우수리 효과'라는 방법이다. 사람들은 각각 3만 원과 2만 9,900원인 티셔츠 중 2만 9,900원짜리가 훨씬 저렴하다고 느낀다. 금액은 100원 차이이지만 심리적으로 느껴지는 할인 효과는 매우 크다.

아이에게 공부를 시킬 때도 "1시간 동안 할 거야"라고 말하는 것보다 "55분만 해보자"와 같이 말하면 심리적 부담이 줄어든다. "오늘은 29분만 해보자", "1장 반만 풀어보자"와 같은 말로 부담을 줄이고 시작할 수 있게 도우면 된다. 일단 시작을 하면 끝까지 다하게 되기도 한다. 다음의 사례를 보자.

아이: 나 오늘은 정말 하기 싫은데.

엄마: 오늘은 공부가 유난히 하기 싫은 날인가 보구나.

아이: 응. 기분도 안 좋고 못 하겠어.

엄마: 그러면 오늘은 3장 말고 딱 1장 반만 풀자.

아이: 진짜? 좋아요!

(15분 후) 엄마, 15분밖에 안 걸렸네요? 한 김에 마저 할래요.

또 하나, 공부에 부담을 느끼는 아이를 위해 기억해야 할 법칙이 있다. '모든 일은 예상보다 오래 걸린다'는 호프스태더 법칙이다. 더 공부시키고 싶은 마음에 처음부터 학습량을 최대치로 잡아 놓으면 부담이 된다. 겨우 해내다 보면 마음이 지치고 의욕 또한 사그라든다. 초반부터 아이의 능력을 초과하는 양을 설정하지 말자. 매일 충분히 해낼 수 있는 양으로 공부를 하다 보면 성취감도 느낄 수 있다. 성취감이 쌓이다 보면 더 높은 목표에 도전하고 싶은 마음이 자연스레 생긴다. 공부의 양은 이때 늘리면 된다.

엄마: 하루에 네 쪽은 많이 힘들어?

아이: 응.

엄마: 그러면 하루에 몇 쪽씩 하면 해낼 수 있을 것 같아?

아이: 음… 두 쪽.

엄마: 그래. 그럼 매일매일 하겠다고 약속할 수 있어?

아이: 당연하지! 두 쪽은 매일 할 수 있지!

엄마: 2주 동안 한 번 해보자. 매일 성공하면 14번이나 성공하는 거네!

둘째, 학습한 내용에 관해 대화를 나눌 때 도움이 되는 방법이 있다.

아이와 앉아서 공부하다 보면 답답한 순간이 생긴다. 잘 해내길 바라는 마음에 어쩔 수 없이 지적하게 마련이다.

> "4×9가 어떻게 38이야. 다시 생각해봐."
> "여기 받침 틀렸네. 'ㅌ' 써야지."
> "글씨 좀 똑바로 써."
> "바로 앉아서 해."

이렇게 바로 지적을 당하다 보면 공부하고 싶은 마음이 사그라든다. 부끄럽기도 하고 괜히 공부가 싫어진다. 이럴 때 아이의 마음을 지켜주면서도 잘못된 부분을 바로잡아줄 방법이 있다. 햄버거 빵 2장 사이에 패티가 감춰진 것처럼 긍정적인 말 속에 부정적인 말을 끼워 말하는 방법이다. '긍정-부정-긍정의 햄버거'라고 기억하자. 긍정적인 말로 시작하므로 아이는 마음이 열린다. 마음이 열린 상태에선 고쳐야 할 부분을 쉽게 수긍한다. 이후에 칭찬으로 마무리하면 아이 마음에 즐거운 기분이 남는다.

> **긍정** "덧셈식 쓸 때 자릿수에 맞게 정말 잘 적었네."
> **부정** "받아내림 부분은 다시 한번 생각해봐야겠다."
> **긍정** "16-7을 정확하게 암산으로 계산했네. 잘했어!"

아이는 자신의 생각이 틀렸을 때 본능적으로 위축된다. 아이가 틀렸더라도 우선 아이의 아이디어에 대해 인정해준다면 용기를 얻을 수 있다.

> "그렇게도 생각할 수 있었겠다."
> "충분히 그렇게 생각할 만했어."
> "빠트린 부분이 있는데 스스로 찾아볼 수 있을 거야."
> "실수할 수 있어, 괜찮아."

셋째, 아이의 학습 능력 자체를 키워줄 수 있는 질문들이 있다.

발달심리학자 존 플라벨이 만든 메타인지Metacognition라는 개념이 있다.* 쉽게 말하면 생각에 대한 생각으로, 내 생각에 관해 판단해보는 능력을 말한다. 내가 아는 것과 알지 못하는 것을 파악하는 것, 학습에 대해 계획을 세우는 것, 학습법에 대해 생각해보는 것 등은 모두 메타인지의 영역이다. 메타인지 능력이 높을수록 학업 성취도가 높다는 것이 교육 전문가들의 공통된 의견이다. 아이가 이미 알고 있는 것과 새롭게 알게 된 것, 어려웠던 부분 등을 파악하도록 도움을 주면 좋다. 내용을 잘 익히기 위해 더 공부해야 할 부분이 있는지도 생각해보면 좋다.

> "글을 읽으면서 이미 알고 있던 내용이 있었니?"
> "공부하면서 새롭게 알게 된 게 있으면 알려줄래?"

"가장 쉬웠던 부분은 어디야?"

"이해가 잘 안 된 부분이 있니?"

"어떤 부분을 다시 공부하면 해결하는 데 도움이 될까?"

아이와 공부 방법에 관해 대화를 나누는 것도 도움이 된다.

"어떻게 하면 외운 걸 잘 기억할 수 있을까?"

"연산 방법을 잊지 않으려면 어떻게 하는 게 좋을까?"

"더 쉽게 공부할 방법이 있을까?"

"집중을 잘하려면 어떻게 하는 게 좋을까?"

"언제 복습하는 게 가장 효율적이었던 것 같아?"

100미터 달리기를 한다고 생각해보자. 높은 장애물이 있는 트랙과 장애물이 없는 트랙에서의 성적은 큰 차이가 난다. 학습에 대한 막연한 부담감은 높은 장애물이다. 막연한 부담감만 줄어들어도 비교적 쉽게 공부를 시작할 수 있다. 가정에서 공부하는 시간이 성취감을 맛보는 시간이 되도록 도와주자. 어린 시절부터 메타인지를 키울 수 있도록 질문을 던져주자. 청소년기엔 종일 공부에 매달려야 한다. 메타인지를 활용해 자신에게 맞는 공부를 할 수 있다면 청소년기가 훨씬 행복해지지 않을까.

학습 부담을 낮추는 부모의 말

- "가장 쉬워 보이는 문제부터 풀어보자."
- "우선 한 문제만 읽어보자."
- "한 번에 다 끝낼 순 없어. 일단 한 쪽만 읽어보자."
- "엄마가 너였어도 그렇게 생각했을 거야."
- "분명 일리 있는 생각이야. 다른 사람들은 어떻게 생각했는지도 살펴보자. "

메타인지를 키우는 부모의 말

- "이미 알고 있던 문제는 뭐야?"
- "새롭게 알게 된 내용을 설명해줄래?"
- "헷갈려서 다시 보고 싶은 내용이 있어?"
- "잘 기억하려면 어떻게 외워둘까?"
- "배운 내용을 어떤 방식으로 정리해두면 도움이 될까?"

6-5
격려에도 올바른 방법이 있다
"결과는 걱정하지 마. 나아지고 있는 건 분명하니까"

아이가 편안하게 공부하려면 부모의 격려가 필요하다. 공부만 생각하면 불안감과 긴장감이 생겨 실력을 발휘하지 못하는 경우가 많다. 공부에 대한 부정적인 감정을 완화할 수 있는 격려의 말이 필요한 순간이다. 아이가 스스로를 믿을 수 있도록 부모의 애정, 신뢰와 믿음을 전달하는 것도 중요하다. 아이가 학습적으로 성장하길 바란다면 한 단계 더 오를 수 있도록 격려의 말을 전달해보자.

시험을 앞두고 있다면 평소 공부를 열심히 한 아이든 그렇지 않은 아이든 긴장하기 마련이다. '받아쓰기 갖고 뭘 그래?'라고 생각할 수 있지만, 갓 입학한 초등학교 1학년에게 받아쓰기는 인생 최

아이: 엄마, 나 학교 가기 싫어요.

엄마: 학교가 왜 갑자기 가기 싫어?

아이: 몰라요. 그냥 가기 싫어요. 배도 아픈 거 같고.

엄마: 너 이 녀석, 오늘 받아쓰기해서 그러는구나!

아이: 그게 아니고….

엄마: 어제 연습했으면서 뭘 그래? 얼른 가자. 나와.

대의 과업일 수 있다. 아이가 갖는 학업 성과에 대한 불안과 긴장을 인정하고 대화를 통해 적절히 해소해주어야 한다.

푸아티에대학 페데리크 오탱 박사는 불안감과 학업 성취 사이의 관계를 연구했다.[*] 연구팀은 학생을 두 그룹으로 나누고 고난이도의 시험 문제를 보여주었다. 한 그룹에는 틀려도 되니 안심하라고 말했고, 다른 그룹에는 아무런 말도 하지 않았다. 이후 연구팀은 학생들에게 기억력 테스트를 했다. 결과는 어땠을까. 틀려도 된다는 말로 불안감을 누그러뜨려준 그룹이 기억력 점수가 더 높았다. 이 연구를 통해 불안감과 성적은 관련이 있다는 것을 알 수 있다. 다음과 같이 불안을 해소시켜주는 말들을 평소에 해주자.

> "받아쓰기를 꼭 100점 맞아야 하는 건 아니야. 받아쓰기는 한글을 잘 익히기 위한 도구야. 틀린 문제는 다시 연습해서 익히면 되지."
>
> "100점 맞는 건 쉽지 않은 일이야. 100점 안 맞아도 노력했다면 잘한 거야."

"결과는 걱정하지 마. 점점 더 성장하고 있는 건 분명하니까."

"엄마도 시험 볼 땐 괜히 긴장되더라. 크게 심호흡하고, '잘할 수 있다!' 하고 속으로 외쳐보니 훨씬 편안해졌어."

텍사스대학 마리 앤 수이조 박사는 학업에서 아빠의 격려가 매우 중요한 요소임을 밝혔다.[**] 따뜻하게 자녀를 안아주는 아빠의 사랑이 성적 향상의 중요한 조건인 것이다. 아빠의 애정을 통해 자녀들은 중요한 것을 위해 노력하는 태도를 기르게 된다. 아빠의 학력이 높지 않아도, 아이의 공부를 도울 수 없어도, 경제적인 여건이 부족해도 결과는 마찬가지였다.

"아빠는 정말 정말 너희를 사랑해."

"아빠는 항상 너희 편이야."

"아빠가 늘 곁에서 응원할게."

"너희 존재는 아빠에겐 선물이란다."

"아빠는 너희를 정말로 믿는단다."

사정상 아빠와 함께 살고 있지 못하더라도 괜찮다. 꼭 함께 있어야만 애정이 전달되는 것은 아니다. 엄마의 애정과 신뢰 또한 자녀들에게 당연히 긍정적인 영향을 미친다. 특히 공부하는 자녀의 모습을 있는 그대로 인정해주는 말을 통해 자녀들은 힘을 얻는다.

"연필 깎느라 세월 다 가겠다. 얼른 앉아서 숙제해." (×)

"숙제하려고 연필 깎는구나. 숙제할 마음을 가다듬는 것 같네." (○)

"평소에도 오늘처럼 폰 보지 말고 집중해서 해." (×)

"우리 아들 공부를 하고 있네. 집중하는 뒷모습이 멋지다, 정말." (○)

아이들은 부모님을 기쁘게 해드렸을 때 가족 구성원으로서 뿌듯함을 느낀다. 이는 매슬로Abraham H. Maslow의 욕구단계이론Need Step Theory 중 '소속과 애정의 욕구'가 충족된 것이라고 볼 수 있다. 누군가를 사랑하고 싶은 욕구, 어딘가에 소속되고 싶은 욕구가 충족되는 경험이다. 내가 공부를 열심히 하는 것이 부모님을 행복하게 만든다는 사실이 큰 동기가 될 수 있다. 부모가 자녀에 대한 기특한 마음을 충분히 표현해주는 것도 중요한 격려이다.

"옹알이하던 게 엊그제 같은데 벌써 한글 익혀서 일기도 쓰고. 얼마나 기특한지 몰라."

"어려운 숙제지만, 일단 시작해보려는 마음을 먹은 게 정말 고마워."

"문제를 풀려고 노력했구나. 정말 기특하다. 잘못 이해한 부분이 있는지 같이 찾아보자."

"잘 해내고 싶은 네 마음 다 알아. 열심히 해보려는 네가 진짜 멋져."

"전엔 틀렸던 문젠데, 오늘은 맞혔네? 성장하는 게 보인다. 기특해."

때로는 아이가 한 단계 더 발전하길 원하는 마음이 들 때가 있다. 교사 입장에서는 수학 지도를 할 때 이런 마음이 강하게 생긴다. 그래서 개인 과제를 완수하면 '도전 과제'를 풀 수 있도록 미리 준비한다. 이때 과제를 어떤 말로 제시하느냐에 따라 아이들의 반응이 확연히 달라진다.

---

① "과제 해결하느라 애썼어. '도전 문제'도 있으니 가져가서 풀어봐."
② "과제 해결하느라 애썼어. 힘들다면 자리에서 잠시 쉬어도 돼. 그런데 선생님 생각엔 넌 '도전 과제'도 충분히 해결할 실력이 있어."

---

①과 같이 단순히 가져가서 풀라는 말만 들으면 대부분 아이는 "또 해요?"라며 표정이 일그러진다. ②처럼 아이에 대한 격려와 함께 기대감을 표현할 땐 대개 즐거운 표정으로 응한다. 현재보다 한 단계 더 높은 목표를 제시하는 것도 좋은 격려의 방법이다. 격려와 함께 도전할 수 있는 미션을 제시해보자. 시간적인 미션도 좋고, 학습량에 대한 미션도 좋다. 아이에게 부담되지 않는 미션, 충분히 해낼 수 있는 미션이면 된다.

"어제 1시간이 걸렸지? 엄마 생각엔 네가 집중만 하면 훨씬 빨리할 수 있을 것 같아. 30분만 딱 집중해볼까?"

"이걸 몇 분 안에 해결할 수 있을까? 20분? 좋아. 한 번 해보자!"

"진짜 잘했어. 엄마가 네 실력을 알잖아. 이것도 외울 수 있겠는데?"

학습에 대한 높은 긴장감이 해소된다면 편안하게 학습에 임할 수 있다. 100점이 목표가 아니라 매일 꾸준히 노력하는 게 목표라는 걸 알게 되면 한결 편안해질 것이다. 평소 성장하고 있는 아이의 모습을 자주 말해주고 격려하자. 아이의 성실한 태도가 가족에게도 큰 기쁨을 준다는 것을 표현하면 아이도 뿌듯함을 느끼게 된다. 아이의 성장을 위해 조금 높은 단계의 도전 과제를 제시하는 것도 학습에 도움이 되니 적절히 활용해보자.

TIP **'라떼는'이라는 말은 피해주세요!**

"아빠 어릴 때는 형편이 어려워서 혼자 공부했어. 넌 학원도 보내주는데 왜 그래? 아빠가 과외받고 학원 다니고 했으면 할아버지께 감사하다고 절을 넙죽 했겠다. 힘들게 돈 벌어다 주는 부모 생각은 안 하고. 넌 그 생각을 좀 고쳐야 해."

아이에게 자극을 줘서 공부하도록 하려고 부모의 어린 시절과 비교하는 말은 피해야 한다. '라떼는'이라는 유행어가 생길 정도로 '나 때는'으로 시작하는 말은 거부감을 준다. 부모 세대가 성장한 환경과 아이가 처한 환경은 다르므로 함부로 비교하지 말자. 잘못된 격려의 방법이 부모와의 거리감을 키울 수 있으니 주의하자.
비교 대신 아이가 느끼는 어려운 마음을 있는 그대로 인정해주면 된다. 공감을 받아 아이의 마음이 누그러지면, 해결책에 대해 부드럽게 대화를 나눌 수 있다.

"학교 공부 마치고 학원까지 다녀야 하니 당연히 힘들 수 있어."
"어떤 점이 제일 힘들어? 다 이야기해봐. 아빠가 들어줄게."
"우리 딸이 참 힘들었구나. 아빠가 어떻게 도와주면 좋을까?"

7장

사춘기 자녀를 위한
부모의 말

아이가 감정적으로 격양되어 있다면 잠시 가라앉히게 시간을 주세요.
그 후에 대화를 나누면 감정싸움을 피할 수 있습니다.
아이의 말에서 타당한 부분은 수용해주세요.
아이의 의견 중 상식적으로 받아들일 수 없는 부분은
어른 입장에서 제지하면 됩니다. 일방적으로 요구하지 않고
아이의 생각과 감정을 존중하는 것이 핵심입니다.

ᵛ ᵛ ᵛ ᵛ ᵛ ᵛ ᵛ ᵛ ᵛ ᵛ ᵛ ᵛ ᵛ

"지금은 대화하기 어려울 만큼 마음이 힘든 것 같구나.
차분하게 대화할 마음 상태가 되면 이야기 나누자."
"그렇게도 생각해볼 수 있겠다.
다만, 아빠는 이 부분이 좀 걱정이 되네. 이렇게 해보는 건 어떨까?"
"중요한 부분이라 엄마도 습관을 들이고
네게도 가르쳐주고 싶어. 같이해보자."

뇌의 발달을 이해하고 수용하기

"화날 만했어. 조금만 진정하고 이야기 나누자"

주변 어른들에게 "내가 어릴 땐 안 이랬는데 요즘 사춘기 애들은 왜 이러는 거야?"라는 말을 종종 듣는다. 아이들의 사춘기가 다르다고 느끼는 것은 착각이 아니다. 과학적으로 증명되고 있는 사실이다. 키 성장뿐 아니라 2차 성징도 부모 세대보다 평균적으로 2~3년은 빠르다. 학교에서 근무하면서도 굉장히 체감하는 부분이다. 초등학교 4학년이면 사춘기의 징후로 보이는 신체적, 정신적 변화가 보이기 시작한다. 확실히 사춘기가 빨라졌다.

루이즈 그린스펀과 줄리아나 디어도프는《새로운 사춘기The New Puberty》에 사춘기를 일찍 맞이하는 원인을 언급해놓았다.* 식습관의 변화로 소아 비만이 늘었고, 각종 원인으로 인해 호르몬 교란

이 일어나고 있다. 영양 과잉, 운동 부족, 환경호르몬 등의 영향도 빼놓을 수 없다. 화학 물질에 노출되는 빈도수도 잦고 과거와 달리 사회적, 심리적 스트레스도 커졌다. 이러한 이유로 정신적인 성숙보다 신체적인 성숙이 더 빨라졌다. 두뇌 발달과 신체 발달 사이에 갭이 커지니 아이들은 혼란스럽다. 요즘 아이들이 우리 때와 다르게 느껴지는 이유이다.

사춘기를 맞이한 학부모와 상담한 적이 있다. 학부모는 "아이가 자기 기분 나쁜 건 실컷 표출하면서도 정작 부모 말은 무시하네요. 버릇이 왜 이렇게 없어진 건지. 자기 걱정하는 부모 심정도 몰라주고 어떨 땐 내 자식이지만 서운해요"라며 한탄했다. 단순히 아이가 버릇이 없어진 것이 아니다. 사춘기가 빨라진 데다 아이들의 나이대에 사용하는 뇌의 영역이 부모와 달라 일어나는 현상이다.

유겔룬 토드 교수가 발표한 청소년기 두뇌 활동에 관한 연구 결과에 따르면, 청소년들은 표정에 대해 잘못 해석하는 경우가 많다.[**] 어른들은 이성적인 판단을 할 수 있는 전전두엽이라는 뇌의 영역을 사용한다. 반면 청소년기에는 공포와 분노를 조절하는 편도체를 주로 이용해 정보를 해석한다. 부모가 걱정하는 표정을 지으며 한 말도 사춘기 아이는 자신에 대한 공격으로 받아들일 수 있다. 부모의 표정을 보고 실망한 감정, 화난 감정, 속상한 감정 등을 정확히 파악하지 못하기 때문이다. 이성적으로 판단하지 못하고 감정적으로 판단하는 일이 흔하게 일어나는 것이다.

그렇다고 상대방의 감정을 제대로 읽지 못하는 혼란스러운 상태가 계속되는 건 아니니 걱정하진 말자. 10대 후반이면 감정 공감 능력이 제대로 자리 잡는다. 뇌가 발달할수록 공감 능력도 더 나아진다. 감정 공감 능력이 자리 잡을 때까지는 부모의 노력이 필요하다. 사춘기를 맞았을 때 아이에게 일어나는 어쩔 수 없는 변화를 이해하면 훨씬 부드럽게 아이와 소통할 수 있다.

감정의 뇌를 사용하고 있으므로 아이의 감정을 이해해주고 수용해주는 것이 그 어느 때보다 중요하다. 설령 아이의 표현 방식이 잘못되었더라도 일단은 감정을 받아주어야 한다. 아이의 감정을 거부하면 다음 사례처럼 마음의 문을 닫을 수 있다.

> **성진:** 엄마, 선생님 진짜 극혐이에요. 피구 하기로 해놓고 약속을 어겼어요.
> **엄마:** 선생님 사정이 있었겠지. 날마다 피구 하면 공부는 언제 하니.
> **성진:** 그게 아니고. 아, 됐어요.
> **엄마:** 너 선생님 앞에서도 '극혐'이라고 말하는 건 아니지? 버릇없게 굴지 마.
> **성진:** 엄마한테는 무슨 말을 못 하겠어. 맨날 내 잘못이래.
> **엄마:** 언제 엄마가 맨날 네 잘못이랬어? 지금은 네 말이 심한 게 맞잖아.

선생님께 '진짜 극혐이에요'라고 말하는 아이를 보며 버릇이 없다는 생각이 든다. 욱할 수 있지만 조금만 가라앉히자. "야!", "뭐?"라고 소리치고 싶은 마음을 꾹 삼키자. 감정 수용 없이 사춘기 아이를 가르치려고 들면 아이는 더 튕겨 나간다. 현재 아이가 가장 힘들어하는 부분을 진지하게 들어주어야 한다. 아이를 섣불리 '버릇없는 아이'라고 규정하지 말아야 한다. 설령 버릇없는 말을 썼더라도 말투를 고치도록 가르치면 된다.

성진: 엄마, 선생님 진짜 극혐이에요. 피구 한다고 해놓고 약속을 ✦
어겼어요.

엄마: 그랬어? 피구 하고 싶었을 텐데 못해서 진짜 아쉬웠겠다.

성진: 네. 다른 애들도 아쉬워했어요. 그래서 내일 점심시간에 친구들하고 하기로 했어요.

엄마: 그랬구나. 내일 같이하면 재미있겠네.

성진: 네.

엄마: 성진아 그런데, 엄마는 네가 너보다 어른인 선생님께 '극혐'이라는 단어를 쓴 게 마음에 좀 걸리는구나. 어른들에게 쓸 수 있는 단어는 아니거든. 그 단어 대신 어떤 단어를 쓰는 게 더 좋을까?

이 대화에서 엄마는 아이에게 '~하지 마'라는 투의 말을 하지 않았다. 부모가 명령하는 투로 말하면 아이들은 발끈할 수 있다. 사춘기 아이들은 강요받을 때 거부 반응을 일으킨다. "극혐 대신 어떤 단어를 쓰면 좋을까?"라는 질문은 아이의 생각을 말할 수 있도록 선택권을 주는 질문이다. 자율적으로 말할 수 있는 상황이면 아이는 훨씬 부드러운 태도로 자신의 의견을 말할 수 있다.

일상 대화에서도 아이에게 선택의 주도권을 주자. 아이와의 까칠한 대치를 줄이는 데 도움이 된다. 예를 들어 '과일 먹어'라는 말을 생각해보자. 부모 입장에선 기분 나쁠 일이 전혀 없는 말이지만 아이는 명령하는 것처럼 느껴질 수 있다. '과일 먹어' 대신 '과일 깎아놨어'라고 하면 먹고 싶을 때 먹어도 된다는 자율적인 느낌을 준다. '선택권을 줄 것'이라는 원칙만 기억해도 훨씬 대화가 편안해질 것이다. 아이가 명령어에 예민하다는 걸 인정해주자.

사춘기에는 정서적으로 예민하고 감정 기복이 심하다. 화를 내는 빈도수가 늘어날 수 있다. 어느 정도까지는 화를 수용해주되, 감정이 가라앉은 후에 대화를 나누는 것이 좋다.

> "네가 화난 건 이해해. 충분히 화날 만한 상황이야. 하지만 지금은 흥분했네. 우선 조금만 진정하고 이야기 나누자."
>
> "지금은 대화하기 어려울 만큼 마음이 힘든 것 같구나. 차분하게 대화할 마음 상태가 되면 이야기하자."
>
> "엄마는 네가 왜 화가 났는지 들어주고 도와주고 싶어. 그런데 주머니에 손을 넣고 몸을 꼬는 모습은 무례하게 느껴지네. 화난 이유를 몸짓 대신 말로 설명해주겠어?"

화가 자주 도를 넘어선다면 아이와 규칙을 정하는 것이 좋다. 아이가 지나치게 화를 내는 경우 어떻게 책임을 지는 것이 좋을지 대화를 나눠보자. 일종의 규칙을 정하는 것이다. 아이가 격해졌을 때 부모도 격해져서 "너 이틀간 폰 압수야!"와 같이 강압적인 방식으로 벌을 주어서는 안 된다. 아이와 부모가 좋은 분위기에서 대화를 나누며 서로 동의했던 규칙을 적용해야 한다. "아무리 화가 나도 물건을 던지지 않기로 약속했었어. 물건을 던진다면 하루 동안 스마트폰을 사용하지 않고 행동을 돌아보기로 약속했었지? 약속대로 오늘은 행동을 돌아보는 시간을 갖자"와 같이 함께 정한 내용을 갖고 대화를 나눠야 아이도 반발하지 않는다.

《여자아이의 사춘기는 다르다》의 저자 리사 다무르는 감정을 구체적인 단어로 묘사하는 것이 아이의 불편한 감정을 다스리는 데 도움이 된다고 말한다.***

> "네 소중한 물건이 떨어져서 부러졌는데도 동생이 도와주기는커녕 놀리기만 하니 정말 속상했을 거야. 무시당하는 기분도 들었을 거고. 다른 사람도 있는데 얼마나 무안했겠니."

'속상함', '무시당하는 기분', '무안함'이라는 구체적인 단어로 표현을 대신 해주었다. 자신의 감정을 부모가 읽어주는 것만으로도 공감받는 기분이 든다. 아이는 자신의 내면을 알아차릴 수 있게 되고 감정이 훨씬 진정된다.

아이가 어렸을 땐 부모의 시야 안에 아이의 모든 삶이 담겨 있었다. 사춘기가 되면 아이는 부모의 시야에서 벗어나 자신만의 독립적인 영역을 만들고자 한다. "아빠, 왜 이렇게 저한테 간섭하세요?", "엄마, 그만 좀 물어보면 좋겠어요"와 같이 선을 긋는 표현을 할 수 있다. 부모는 당황스럽겠지만 성장통으로 생각해야 한다. 아이가 부모에게 갖고 있는 부정적인 느낌들도 표현해야 이후 건강한 방향으로 대화가 가능하다. 부정적인 감정도 수용하고 아이에게 선택권을 주는 것이 사춘기 자녀와의 대화에서 가장 기본이라는 것을 기억하자.

 사춘기 아이와의 대화는 이렇게 해주세요 1

이런 말은 피해주세요

- "어디서 버릇없게 언성을 높여? 똑바로 대답 안 해?"
- "눈 똑바로 떠. 누가 부모를 그런 눈으로 쳐다봐? 엄마는 화낼 줄 몰라서 참고 있는 줄 알아?"
- "주머니에서 손 안 빼? 아빠랑 지금 해보자는 거야?"

이런 말을 들려주세요

- "네가 화난 건 이해해. 충분히 화날 만한 상황이야. 하지만 지금은 흥분했네. 우선 조금만 진정하고 이야기 나누자."
- "지금은 대화하기 어려울 만큼 마음이 힘든 것 같구나. 차분하게 대화할 마음 상태가 되면 이야기 나누자."
- "엄마는 네가 왜 화가 났는지 들어주고 도와주고 싶어. 그런데 주머니에 손을 넣고 몸을 꼬는 모습은 무례하게 느껴지네. 화난 이유를 몸짓 대신 말로 설명해주겠어?"

눈높이를 맞추고 동등한 입장으로 대하라
"바쁘니? 네가 도와주면 정말 고마울 것 같아"

　　사춘기가 된 자녀들이 마음의 문을 닫아 부모와의 대화가 단절되는 안타까운 상황을 종종 본다. 이를 막으려면 아이의 눈높이에 맞춘 대화가 필요하다. 눈높이를 맞춘다는 것은 자녀가 소중하게 생각하는 것들에 대해 부모도 인정해주며 대화하는 것을 의미한다. 사춘기에는 자신만의 생각, 공간, 시간에 대한 욕구, 친구 관계가 삶에 미치는 영향력, 외모에 대한 관심 등이 높아진다. 아이의 욕구와 관심을 존중해주며 대화를 나눌 때, 아이 마음에 한 걸음 다가갈 수 있다.

　　첫째, 사춘기 아이는 자신의 영역에 대해 존중받고자 하는 욕구가 커진다.

심리학자 리처드 심바로는 참가자들에게 단어 60개를 외우게 하는 실험을 했다.* 두 그룹으로 나누고 한 그룹에는 단어를 '잊어주세요'라고 부탁하고, 다른 그룹에는 '정확히 기억해주세요'라고 부탁했다. 어느 그룹이 더 많이 기억했을까? 잊어달라고 부탁한 그룹에서 정확히 기억한 사람이 더 많았다. 이를 심리학에서는 '아이러니 효과'라고 한다. 일방적인 지시를 받으면 그와 반대되는 행동이 하고 싶어진다. 사춘기에는 이 효과가 더 극대화된다. 부모의 일방적인 요구에 의문을 품고 반발하는 마음이 더욱 커진다는 말이다.

> 엄마: 아들, 내려가서 두부 한 모만 사 와.
> 아이: 싫어.
> 엄마: 너 저녁 안 먹을 거야? 빨리 사 와. 된장 거의 다 끓었다.
> 아이: 아 그냥 두부 없이 먹으면 되잖아. 가기 싫다고.
> 엄마: 너 하고 있는 것도 없으면서 왜 그래?
> 아이: 나도 좀 쉬자. 메시지 보내야 하거든요?

두부를 사 오라는 부모의 일방적인 요청에 아이는 큰 거부감을 느끼고 있다. 사춘기 아이들은 부모와 동등한 입장에서 대화를 나누길 원한다. 직장 동료나 친구들에게 부탁할 때를 떠올려보자. "저, 미안한데…", "혹시 괜찮다면…", "내가 부탁이 하나 있는데…" 등의 조심스러운 말로 대화를 시작할 것이다. 상대방의 양해를 구하며 대화를 시작하듯 아이에게도 양해를 구해야 한다. 아이의 시간도 소중하게 생각하고 존중해야 한다. '난 너의 시간, 감정, 공간을 소중하게 생각해'라는 메시지가 자녀에게 전달되는 것이 중요하다.

> "이야기 나누는 중이었구나. 시간 괜찮다면 엄마가 부탁 하나 해도 될까?"
> "이 부분은 도움이 필요하네. 함께해주면 정말 고마울 것 같아. 잠시 도와줄 수 있을까?"

둘째, 아이의 친구 관계를 존중해주고 적절히 도움을 주어야 한다.

고학년이 되면 친구 관계에 큰 영향을 받는다. 성장하는 과정에서 오는 당연한 결과이다. 부모로부터 서서히 독립해가면서 친구들과 어울리고, 친구들과 공유하는 문화 속에 살아간다. 부모의 말보다 친구의 말 한마디에 영향을 받아 진로를 결정하는 일도 생긴다. 그만큼 중요한 부분이다. 이러한 변화를 인정하고 받아들여야 한다. 친구와 많은 시간을 보내려는 아이를 인정하지 않고 제약을 두면 부모와 아이 간의 거리가 멀어질 수 있다.

친구와 더욱 가까워지는 것은 당연한 변화이다. 적절한 선을 넘어서 특정 친구에게 집착하는 모습이 보인다면 부모의 적절한 개입이 필요하다. 의지하고 집착하던 친구와의 관계가 틀어졌을 때 큰 상처를 받기 때문이다. 예를 들어 어떤 친구가 나와 가장 친하면 좋겠는데, 다른 친구들과도 사이좋게 지내는 모습을 보면 아이는 큰 배신감을 느낀다. 상처받은 마음을 해소하려고 이간질을 한다거나 험담을 하는 등 잘못된 행동을 하기도 한다. 큰 감정 기복과 함께 우울감을 느끼기도 한다.

아이가 안정적인 친구 관계를 맺으려면 먼저 부모와의 관계를 개선해야 한다. 친구에 대한 지나친 의존이나 집착은 가정에서 충족되지 못한 애정이 원인이 될 수 있다. 부모로부터 사랑을 충분히 받고, 정서적인 욕구를 충족했다면 친구에 대한 과한 집착은 충분히 개선할 수 있다.

친구에 대해 부모와 편안하게 대화를 나눌 수 있는 분위기도 중요하다. 친구들과의 일을 편안하게 터놓을 수 있어야 큰 갈등이 생겼을 때 부모에게 도움을 구할 수 있다. 평소 아이가 친구에 관해 말할 때 감정을 잘 받아주는 것이 편안한 대화의 열쇠다.

> **아이:** 엄마, 걔는 착한 척은 혼자 다 하면서 나한텐 은영이 험담하더라.
> **엄마:** 너는 뭘 그런 것까지 신경 쓰니.
> **아이:** 아니 그게 아니고, 얘가 어이가 없잖아.
> **엄마:** 그 애랑은 친하게 지내지 마. 나중에 네 험담도 하겠다.

아이에게 심각하게 느껴지는 사안이 있다면 부모도 그 감정에 공감을 해주어야 한다. '뭘 그런 것까지 신경 쓰니'라고 별일이 아닌 것처럼 말하면 아이는 공감받지 못한다고 느낀다. "어떤 기분이었어?", "좀 당황스러웠겠는걸?"과 같이 공감하는 말을 해주어야 한다. "다음부터 그 친구랑 놀지 마", "그 아이랑 친하게 지내지 마", "네가 중간에서 뭘 잘못했던 거 아니야?"와 같이 훈계하는 것은 도움이 되지 않는다. 감정을 알아차리고 공감해주는 것만으로도 충분하다.

아이의 친구 관계에 진지한 조언이 필요하다면 감정이 안정된 후에 대화를 나누자. "친구와는 어떻게 하고 싶어?", "은영이에게는 어떻게 해야 좋을까?", "엄마가 도와줄 게 있을까?"와 같이 물어봐 주는 것이 좋다. 때론 친구와 거리를 두는 것이 필요한 상황일 수도 있다. 그럴 땐 아이 입장을 헤아리며 부모의 조언을 전하면 된다.

> "친구가 그렇게 한 데는 분명 이유가 있을 거야. 그렇지만 방식은 잘못된 것 같네. 큰 갈등으로 이어질 수 있단다. 엄마는 네가 잘못된 행동에 동참하지는 않으면 좋겠어."

셋째, 외모에 대한 관심을 이해해주어야 한다.

엄마: 얼른 나와. 옷 입는데 뭘 이렇게 고민해. ✦

아이: 잠시만.

엄마: 뭐야, 너 또 화장해? 그러다 피부 다 버린다.

아이: 아, 괜찮다고.

엄마: 쪼끄만 게 벌써부터 뭘 꾸민다고 그래. 빨리 나와.

사춘기에는 외모에 대한 관심도 극대화된다. 부모는 아이의 이런 마음을 알지만, 외모에 너무 치중하면 걱정스럽다. 공부 시간을 빼앗기진 않을지, 들뜬 마음에 잘못된 길로 가진 않을지 우려가 앞선다. "나이도 어린 게 뭘 그렇게 화장품에 관심이 많아?", "옷 좀 그만 봐. 옷 구경할 시간에 단어라도 하나 더 외우겠다"와 같이 부정적인 말부터 하면 아이와 대화가 어긋날 수밖에 없다. 부모의 눈을 피해 몰래 치장을 할 수도 있다.

우선은 아이의 외모에 대한 욕구를 인정해주자. "사람은 누구나 자신을 아름답게 꾸미고 싶어 해. 당연한 거야", "고른 옷이 참 센스 있다", "오늘 아주 멋진데?"와 같이 인정해주고 칭찬해주자. 이후 아이가 외모에 투자하는 시간을 적절히 분해할 수 있도록 도움을 주면 된다. 쇼핑에 얼마의 용돈을 사용할지, 염색이나 파마는 어느 정도까지 가능할지, 꾸밈에 필요한 시간이 어느 정도인지 등에 대해 대화를 나누는 것이다.

> "외모를 깔끔하게 꾸미는 것도 하나의 능력이야. 중요한 부분이지.
> 그런데 외모 외에도 중요한 것들이 참 많아. 그래서 시간을 분배하
> 는 데 균형을 갖는 것이 필요해."

사춘기 아이와 눈높이를 맞추며 대화를 나누다 보면 아이와 견고한 애착 관계를 형성할 수 있다. 아이를 독립적인 한 인간으로 존중하며 대하는 것, 아이의 관심사를 사소한 것으로 치부하지 않

고 중요하게 생각해주는 것이 필요하다. 내 마음을 가장 잘 알아주는 사람, 나와 대화가 잘 통하는 사람을 부모라고 생각하면 일상을 부모와 공유할 수 있다. 무작정 훈계와 조언부터 하는 것은 금물! 아이와 대화가 단절되지 않아야 안전하게 사춘기를 보낼 수 있게 조언해줄 수 있다는 것을 꼭 기억하자.

TIP 사춘기 아이와의 대화는 이렇게 해주세요 2

이런 말은 피해주세요

- "와서 이것 좀 도와."
- "저것 좀 해."
- "엄마가 걔랑은 놀지 말라고 했지? 이상한 애들이랑 어울리지 말라니까."
- "안 꾸며도 예쁘다고 몇 번을 말해. 그냥 엄마가 사주는 거 입고 다녀. 까다롭기는."

이런 말을 들려주세요

- "진수야 바쁘니? 엄마가 이걸 혼자 들기가 힘드네. 네가 도와준다면 정말 고마울 것 같아."
- "친구들 감정을 존중해주는 것도 중요해. 하지만 친구의 그런 행동은 좋지 못한 행동인 것 같아. 네가 동참하지는 않으면 좋겠어."
- "매력적인 외모도 중요해. 너를 관리하려는 태도는 좋은 태도야. 그렇지만 다른 중요한 부분들도 많지. 엄마는 네가 균형을 잡으면 좋겠어."

아이가 반항적인 태도를 보일 때

"그렇게 생각할 수 있겠다. 다만, 이 부분이 걱정이 되네"

아이마다 속도는 다르지만, 초등학교 고학년이 되면 사춘기의 징후가 나타난다. 학교 현장에서의 경험으로는 4학년 2학기 무렵에 사춘기 징후가 보이는 아이들이 많았다. 사춘기에 들어서면 아이들은 왜 해야 하는지 납득되지 않는 규칙은 따르기 어려워한다. 친구들이나 교사에게 퉁명스럽게 말할 때도 있다. 친구의 말 한마디에 울컥해서 눈물을 흘리기도 한다. 민감해진 아이, 삐딱해진 아이를 대하기란 여간 어려운 일이 아니다. 변화된 아이의 태도를 어떻게 다뤄야 할지 이해하고, 마음의 준비를 하는 것이 필요하다.

다음은 외식 자리에서 아빠와 아이의 언성이 높아지는 상황이다.

아빠: 너 뭐가 그렇게 불만이야?

아이: 뭐가요.

아빠: 내내 찌푸리고 있잖아. 같이 있는 사람 불편하게.

아이: 내 표정도 내 맘대로 못해요?

아빠: 넌 매번 뭐가 그렇게 불만이야?

아이: 내가 언제 매번 불만이었는데요?

아빠의 속마음을 살펴보자.

가족과 식사하는 시간에 아이의 표정이 뾰로통하다. 아빠는 아이의 기분이 나쁜 이유가 외식 메뉴 탓이라고 생각했다. 가족과 먹기로 했던 메뉴는 아이가 좋아하는 마라탕이었다. 그런데 예상치 못하게 할머니와 동행하게 되어 메뉴를 바꾸었다. 할머니의 건강과 식성을 고려해 바꾼 것이다.

아빠는 어쩔 수 없는 일인데도 싫은 티를 내는 아이가 마음에 들지 않는다. '할머니가 얼마나 저를 예뻐하는데 겨우 식당 하나 바꾼 거에 이렇게 화를 내?'라는 생각이 든다. 예의가 없어진 모습에 걱정되어 한마디 해야겠다는 마음이 들었다.

아이의 속마음을 살펴보자.

식당에 가기 전 아이는 마음이 좋지 않은 상태였다. 좋아하던 남자아이가 다른 여자아이에게 고백했다는 말을 들어서다. 속상하기도 하고 화가 나기도 하는데 가족에게는 말하고 싶지 않았다. 아이는 '매운 음식 먹고 스트레스를 풀어야지'라는 마음으로 외식 길에

274

따라나서셨다. 그런데 예상치 못하게 메뉴가 바뀌었다. '인생은 왜 내 뜻대로 되는 게 하나도 없는 거야!'라는 격한 감정에 휩싸였다. 그 래도 할머니가 계시니 투정을 부리는 건 안 되겠다고 생각했다. 힘 든 마음을 꾹 참고 식사를 하는데, 아빠는 표정이 안 좋다고 다짜 고짜 화를 낸다. 세상에 내 편은 없는 것 같다는 슬픔이 몰려왔다.

사춘기 자녀의 뚱한 표정이나 행동 때문에 부딪히는 일이 잦다. 부모가 꼭 기억해야 할 것이 있다. 아이가 감정의 요동이 휘몰아치 는 격정의 시기를 지나고 있다는 사실이다. 표정이 좋지 않고, 태 도가 공손하지 않은 것 같아도 속으로는 노력하는 상태일 수 있 다. 아이의 겉 표현 모습, 반항하는 듯한 행동 자체에 초점을 맞추 면 곤란하다. 아이도 자신이 처한 상황에서 큰 어려움을 느끼는 중이기 때문이다. 감정 조절이 뜻대로 되지 않으니 말투에서, 표정 에서 힘듦이 그대로 드러나는 것이다.

위 대화에서 아이는 '매번'이라는 단어에 꽂혔다. '매번'이라는 말이 아빠에 대한 분노를 일으키는 도화선이 되었다. '늘 그렇다' 라는 뉘앙스의 말은 반감을 일으킨다. '매번', '항상', '또'와 같이 단 정적인 표현을 쓰지 않는 것이 좋다. 말의 핵심을 받아들이기 전에 '내 마음을 제대로 알지도 못하면서. 왜 나를 이렇게 함부로 평가 해?'라는 생각부터 든다. 설령 반복되는 문제라고 해도 오늘 있는 일에 관해서만 대화를 나눠야 한다.

부모 입장에서는 황당하기 그지없지만, 아이가 성장통을 앓는 중임을 알고 기다려주는 시간이라 생각하자. 식사 중에 아이 표정이 좋지 않다면 "불편한 게 있거나 원하는 게 있다면 얘기하렴" 정도로 말해줄 수 있다. 아이가 "없어요"라고 한다면, "그래, 알았다"라고 넘어가면 된다. 사춘기 아이의 부모에게 가장 필요한 기술은 그냥 넘어가주는 기술이다. 아이의 모든 생활을 낱낱이 알고 싶겠지만 아이를 믿고 기다려주는 시간이 무엇보다 필요하다. 아이가 점차 부모로부터 독립해가면서 부모와 공유하지 않는 삶의 영역이 확장되기 때문이다.

다음은 아이를 걱정하는 부모의 진심을 전하고 지지해주는 대화이다. 자신을 기다려주는 부모 앞에서 아이 마음은 생각보다 쉽게 녹아내리기도 한다.

(식당에서) ✦

아빠: 소은아 무슨 힘든 일 있니?

아이: 아니요.

아빠: 소은이 표정이 안 좋아 보여서 걱정이 되네.

아이: 괜찮아요.

아빠: 괜찮다면 다행이지만, 힘든 일이 있다면 언제든 얘기하렴. 아빠는 언제나 네 편이야.

아이: 네.

아빠: 소은아, 그리고 네가 먹고 싶다는 음식을 못 먹는데도 이렇게 같이 와줘서 고마워.

아이: 아니에요. 저도 이 음식 좋아해요. 괜찮아요.

아이들은 사춘기가 되면서 부모가 정한 가정 내의 규칙들에도

도전하기 시작한다. 부모의 말에 토를 달고 반대 의견을 내세울 때도 있다. 부모의 잘못도 지적하기 시작한다. 터무니없을 때도 있지만 때로는 일리 있는 말도 있다. 아이 말이 옳아도 받아주면 버릇이 나빠질까 걱정되어 받아들이지 않을 때도 있다. 계속 부모에게 도전장을 내미는 아이를 받아들이는 일은 좀처럼 쉽지 않다. 그래도 아이가 제기한 의문에 대해 진지하게 대화를 나눠야 한다. 이것이 아이의 의견을 존중해주는 방식이다. 다음의 대화를 보자.

> 아이: 엄마도 청소 못 할 때 많으면서 왜 나한테만 그래요?
> 엄마: ① 이게 어디서 버릇없게 말대꾸야! (×)
> ② 그래, 엄마도 그럴 때가 있지. 그만큼 어려운 일인 거야. 하지만 중요한 부분이지. 그래서 네게 가르치려는 거야. 같이 변해야 하니 엄마도 노력해야겠다. (○)

아이의 말을 듣는데 일리가 있는 말이라면 인정해주어야 한다. 아이에게는 자신이 낸 의견에 따라 가족 규칙이 바뀌는 경험, 부모의 태도가 변하는 경험 등 자신의 의견을 인정받는 경험이 필요하다. 아이가 부모를 긍정적으로 이겨볼 때 자존감 또한 높아진다. 아이의 의견 중 받아들일 수 없는 부분은 어른 입장에서 제지하면 된다. 그때도 무작정 명령하거나 지시하는 것은 좋지 않다. 부모의 감정을 전달하며 부모의 입장도 타당한 입장이라는 것을 알려주면 된다. 다음의 사례를 보자.

아이: 용돈을 한 번에 다 써서 쓸 돈이 부족해져도 그건 제가 알아서 해요.

엄마: 그래, 물론 용돈을 쓰는 건 네 자유지. (수용) 엄마가 염려되는 부분은 네가 용돈을 다 써서 친구에게 빌린다거나 꼭 사야 할 준비물을 사지 못하는 상황이 생길까 봐. 네가 이런 곤란한 상황을 겪는 게 걱정되네. (감정 전달)

아이: 그러면 어떻게 해요. 쇼핑하는 김에 한 번에 다 사고 싶은데.

엄마: 엄마도 쇼핑해봐서 그 마음은 알아. (수용) 적은 돈이 모여서 요긴하게 쓰일 큰돈이 되니까 꼭 필요할 때 쓸 수 있게 용돈에서 비상금을 조금씩 떼어놓는 건 어때? (의견 제시)

아이가 자신의 주장을 펼치고 정당성을 주장하기 위해 말대꾸를 하는 거라면 우선 받아들여야 한다. 표현 방식이 거칠어도 일단 들어주자. "말투가 왜 그래", "야, 그게 무슨 말이야", "그건 아니지"라고 반박부터 하지 말고 "네 의견도 일리가 있네"라고 수용하자. 아이 입장에서는 존중받는다는 생각이 들어 반항하려던 마음이 조금 가라앉는다. 이후 아이와 대화하며 해결책을 찾아야 한다.

아이는 자신의 논리와 주장을 펼치기도 하지만 단순히 반항만 할 수도 있다. 아이의 반항이 유난히 심하고 감정 조절을 어려워하는 모습을 보인다면 부모의 평상시 양육 태도를 점검해볼 필요가 있다. 평소 "잘하고 있어", "수고했어", "도와줘서 고마워"와 같이 긍정적인 피드백이 없는 경우, 양육 태도가 강압적이고 일방적인 경우라면 아이 마음에 반감이 쌓였을 수 있다. 쌓였던 반감이 사춘기에 터져 나오는 것이다. 평소 잘 쓰지 않아 낯간지럽게 느껴질지라도 아이에게 감사와 칭찬의 표현을 아끼지 말아야 한다. 부모의 지지와 응원이 아이 마음에 닿을 때까지 노력이 필요하다.

많은 부모가 사춘기 아이와 대화할 때 좋은 표정, 바른 자세, 부드러운 말투, 순종적인 태도를 기대한다. 하지만 현실은 다르다. 아이는 퉁명스럽게 행동할 때가 많다. "아, 알겠다고요"라고 퉁명스럽게 대답한다면 "네, 알겠어요"라는 말로 받아들이자. 아이는 자신도 모르게 올라오는 삐딱한 감정들을 스스로도 버거워하고 있다. 자기 나름대로 가치 기준을 만들면서 스스로 단단하게 세워나가는 시기로 이해하자. 아이는 겉으로는 거칠게 표현할지 몰라도 자신을 이해하고자 애쓰는 부모의 모습에 힘을 얻을 것이다.

TIP 반항적인 아이와 이렇게 대화해주세요

이런 태도는 피해주세요

① "항상, 매번, 늘"과 같은 말로 단정 지어 말하지 마세요.
　"넌 매번 이러더라."
② 아이의 표정, 행동, 태도만 보고 판단하지 마세요.
　"너 표정이 왜 그따위야. 공손하게 못 해?"

이런 말을 들려주세요

① 중요한 생활습관을 바꾸는 노력에 동참해주세요.
　"중요한 부분이라 엄마도 습관을 들이고 네게도 가르쳐주고 싶어. 같이해보자."
② 아이 의견을 수용한 후에 부모의 의견을 제시해주세요.
　"그렇게도 생각해볼 수 있겠다. 다만, 아빠는 이 부분이 좀 걱정이 되네. 이렇게 해보는 건 어떨까?"

7-4
아이의 행동을 변화시키는 말
"난 네가 ~하면 ~해. 앞으론 ~해주면 좋겠어"

사춘기가 되면 아이들은 의식적 혹은 무의식적으로 '난 누구지?'라는 질문을 자신에게 던진다. 내가 누구인지에 대한 생각, 즉 자아 정체감이 형성되는 데는 오랜 시간이 걸린다. 그 과정에서 아이는 다양한 경험에 발을 내디딘다. 때론 스스로를 실험해보기도 한다. 아이는 자신의 삶에 대해 주도권을 갖길 원한다. 그러니 부모 뜻대로 아이 행동을 바꿀 수 있다는 마음을 버려야 한다. 무작정 금지한다고 되는 것도 아니다. 스스로 선택한 행동에 책임을 지는 방법을 알아가도록 하는 관점에서의 훈육이 필요한 시기이다. 아이 삶의 주인은 바로 아이이기 때문이다.

아이의 사춘기에 미리 겁을 먹을 필요는 없다. 다음과 같은 대화를 통해 아이도 부모도 마음의 준비를 할 수 있다.

> 엄마: 혁아, 사춘기가 되면 어떤 변화가 일어나는지 알아? ✦
> 아이: 네, 알아요. 엄청 예민해지고 몸도 커지고 하잖아요. 목소리도
>   변하고.
> 엄마: 혁이는 어느 정도로 사춘기가 온 것 같아? 1~5 중에 숫자로 표
>   시한다면?
> 아이: 음… 2 정도?
> 엄마: 그렇구나. 혁이도 본격적으로 사춘기가 시작되면 엄마가 간섭
>   하는 것처럼 느껴지고 귀찮을 수 있어.
> 아이: 그럴 수도 있을 것 같아요.
> 엄마: 그런 마음이 들면 그땐 "싫어요!"라고 표현하는 것보다 "난 이
>   게 좋아요!" 하고 말해주면 좋겠어. 엄마 아빠는 최대한 혁이
>   의견을 들어주려고 노력할 거거든.
> 아이: 네, 그렇게 할게요.
> 엄마: 안전하게 사춘기를 보낼 수 있게 엄마 아빠가 곁에서 응원하고
>   도와줄게.

아이에게 미리 몸과 마음에 나타날 변화를 알려주는 게 좋다. 사춘기에 생기는 반항심과 신체 변화 등을 알면 마음의 준비를 할 수 있다. 아이에게 자신의 불편한 감정을 어떤 방식으로 표현해야 하는지 미리 가이드라인을 알려주면 도움이 된다. 잘 성장할 수 있도록 곁에서 늘 지지해줄 것이고, 안전한 울타리가 되어줄 거라는 부모의 말은 아이에게 힘이 된다. 사춘기 아이를 지도하는 핵심은

따뜻한 애정을 전달하는 것과 행동의 기준을 제시하는 데 있다.

미국의 심리학자 맥코비와 마틴은 연구를 통해 부모의 양육 태도를 '허용적, 민주적, 독재적, 방임적' 4가지로 구체화했다.* 우리는 4가지 양육 태도 중 민주적 양육 태도를 눈여겨보아야 한다. 사춘기는 그 어느 시기보다 민주적 양육 태도가 필요하다.

양육 태도가 민주적인 부모는 아이에게 충분히 사랑을 주고 애정을 표현한다. 아이가 잘못된 행동을 할 때는 엄격히 지도한다. 아이에게 무언가를 요구할 때는 이유를 친절히 설명한다. 민주적인 태도로 아이를 대할 때와 그렇지 못할 때를 비교하면 큰 차이를 느낄 수 있다.

다음의 대화를 보자. 평소에 집 청소에 잘 참여하지 않는 아이에게 부모가 청소를 요구하는 상황이다.

엄마: 어휴, 집이 정말 더럽다. 같이 집 좀 치우자. 너는 가서 ✦
옷 정리 좀 해. 넌 화장실 바닥 좀 닦고.

아이: 아, 내가 왜 화장실 청소예요?

엄마: 너 어차피 나가려면 샤워해야 하잖아. 씻으러 들어간 김에 바닥 솔로 좀 닦아.

아이: 아, 맨날 엄마 마음대로야. (툴툴대며 화장실로 들어간다.)

엄마: 다 같이 쓰는 곳인데 엄마만 거길 치워야 해? 짜증 그만 내. 어차피 해야 할 거 기왕이면 웃으면서 해라. 바닥 좀 닦는 게 뭐 힘들다고.

아이: 알았다고요. 한다고요.

엄마: 너 계속 그렇게 버릇없게 말하면 오늘 저녁에 폰 압수야!

툴툴대긴 했지만, 아이가 일단 화장실로 들어가긴 했다. 엄마의 요구를 받아들였다는 의미이다. 그런데도 엄마는 반복해서 요구 사항을 말하고 있다.

아이가 일단 부모의 말을 수용했다면 여러 번 반복해서 말하지 말자. 부모 입장에서는 설명하고 반복해야 더 잘 받아들일 거라 생각할 수 있지만, 아니다. 지나치게 반복하면 아이는 잔소리로 느끼고 마음이 지쳐버린다. 여러 번 반복하지 말고 정확하게 한번 말해주는 것이 좋다.

아이들에게 요구 사항을 말할 때 직접 말하지 않고 힘든 감정을 둘러서 표현하기도 한다. "아들 둘 있는 게 청소하는 거 도와주지는 못할망정 집 어지럽히고만 있으니. 아이고, 내 팔자야. 평생 뒤치다꺼리나 해야 하네" 하고 돌려 말하면 기분만 상한다. 아이는 '엄마는 청소하라고 하지도 않았으면서 왜 저렇게 비꼬아서 얘기하는 거야'라는 생각이 든다. 한편으론 '난 엄마를 힘들게 하는 아들이구나'라는 생각이 들어 수치심을 느끼게 된다.

강요하거나 비꼬지 않고 아이 행동을 변화시키려면 어떻게 해야 할까. 자율적인 선택의 기회를 주어야 한다. 또 부모의 요구 사항을 명확하게 말해야 한다. 부모가 요구하는 이유도 정확하게 설명하는 것이 좋다. 아이가 부모의 요구에 응하기 어려운 상황이라면 받아들여야 한다. 부모의 요구를 수락한다면 아이에게 고마움을 표현하는 것도 잊지 말자.

엄마: 애들아, 오늘은 같이 청소하면 좋겠다. 외식 나가기 전에 끝내면 홀가분할 것 같아. 너희도 일손을 보태줄 수 있니?

아이 1: 엄마, 제가 지금 숙제 마무리하고 있어서요. 이거만 하고 도와드릴게요.

엄마: 그래, 고마워. 숙제 마무리되면 거실 바닥 정리만 부탁할게.

아이 2: 엄마, 전 오늘은 피곤해서 안 하고 싶어요.

엄마: 몸이 피곤하구나. 오늘은 우리가 할게. 다음에 형이 피곤할 땐 네가 도와주렴.

아이 2: 네.

EBS에서 제작한 인성 교육 영상 중에 어느 중학교 교실에서 교사가 실시한 설문 조사 결과가 나온 적 있다.** "어떨 때 욕을 하나요?"라는 질문에 '기분 나쁠 때 욕을 한다'고 응답한 학생은 53%였다. 영상에서 놀라웠던 것은 기분이 좋을 때 욕하는 학생의 비율이다. 무려 33%의 학생, 즉 3명 중 1명은 기분이 좋을 때도 욕을 한다고 응답했다. 기분이 좋든 나쁘든 아이들은 욕을 한다는 것을 의미한다.

생활 지도를 할 때 동료 교사와 '욕과의 전쟁'이라는 표현을 쓸만큼 아이들의 삶에 욕은 깊숙이 들어와 있다. 아이들이 욕하는 이유 중 하나는 유행하는 욕을 쓰면서 또래 무리에 끼기를 원해서다. 사춘기가 되면 또래와의 관계가 매우 중요해진다. 또래가 쓰는 언어를 함께 말하며 그 무리의 문화에 젖어 들기를 원한다. 일상에서 욕을 많이 하다 보면 교사와 부모 앞에서도 습관적으로 욕이

툭 튀어나오고 만다.

아예 욕을 쓰지 못하도록 막을 수는 없겠지만 때와 장소는 반드시 가려야 한다. 일상 용어에서 욕을 쓰는 횟수도 분명 줄여야 한다. 스스로 조절할 수 있도록 부모의 지도가 꼭 필요하다. 아이는 늘 욕을 쓰는 친구들 사이에 있어 심각성을 느끼지 못할 수 있다. 일상생활에서 욕을 쓰지 않는 사람이 많고, 욕은 듣는 사람에게 불쾌감을 준다는 사실을 분명히 알려주자.

> "네가 혼잣말로 한 욕이라도 엄마는 들을 때 정말 불쾌해. 욕을 하는 건 상대방에게 무례한 행동이야. 네가 쓰지 않으면 좋겠다."
> "욕은 언어 폭력이야. 일상처럼 쓰는 친구들에게는 별문제가 되지 않을 수 있지만, 욕을 쓰지 않는 친구에게는 분명한 폭력이지. 네가 스스로 조심하면 좋겠다."

욕을 쓰다 보면 감정을 표현하는 말을 떠올리기 어렵다. 욕을 쓰는 대신 무슨 말로 자신의 감정을 표현할 수 있는지도 알려주어야 한다. 이미 욕에 익숙해진 아이라면 감정을 제대로 표현할 수 있도록 많은 반복이 필요하다.

> **예시** "난 네가 ~하면 ~해. 앞으로 ~해주면 좋겠어"
> "누나는 네가 누나 물건을 허락 없이 쓰니까 정말 기분이 나빠. 사과해주면 좋겠어."

"언니가 나한테는 말해주지 않고 혼자 다녀와서 진짜 화가 났어.
다음엔 미리 말해줘."

사춘기를 맞은 아이에게 감정을 올바르게 표현하는 방법을 알려주는 것은 매우 중요하다. 무엇을 원하는지 말로 설명할 수 있도록 안내해주어야 한다. 또래 지향적인 특징으로 욕설이 심해질 수 있는 시기인 만큼 평소 언어 생활에 대해 선을 그어주는 것도 필요하다. 아이의 행동이 변화되길 원한다면 자율성을 부여해야 한다. 아이를 존중하며 선택권을 주고 행동의 이유를 알 수 있도록 도와주면 훨씬 쉽게 수용할 수 있다. 감정을 수용해주고 안 되는 행동에 대해선 선을 그어주는 부모에게서 아이는 안정감을 느낄 것이다.

버럭 화내지 않고 자신이 원하는 것을 말로 표현하려면 어떻게 해야 할까. 어릴 때부터 연습이 필요하다. 아이에게 감정을 표현하는 기본 문장을 알려주자. 몇 가지 상황에 적용해보면 아이도 감정 표현이 익숙해진다. 말투가 습관으로 자리 잡으려면 많이 듣는 것도 중요하다. 부모가 먼저 감정을 표현하는 말을 사용하자.

▶ 난 네가 ~하면 ~해. 앞으론 ~해주면 좋겠어

화를 내는 말

- "내 방 들어오지 말라고요!"
- "밥 더 먹으란 말 좀 그만해요!"
- "아, 몰라요! 내가 알아서 할게요."

감정을 표현하는 말

- "난 엄마가 갑자기 방문을 열면 깜짝 놀라요. 기분도 안 좋고요. 앞으로는 꼭 노크해주세요."
- "난 자꾸 밥 먹으라는 말을 들으면 짜증이 나요. 앞으론 제가 배고플 때 얘기할게요."
- "난 아빠가 하나하나 다 물어보면 힘들어요. 제가 말할 때까지 좀 기다려주면 좋겠어요."

아이의 적절한 휴대폰 사용을 위해
"지금부터라도 가족들끼리 약속을 정해보자"

　　학부모 상담을 할 때 빠지지 않고 등장하는 주제가 있다. 스마트폰 사용 문제이다. 2020년 과학기술정보통신부에서 발행한 〈스마트폰 과의존 실태조사〉에 따르면, 유아동의 27.3%, 청소년의 35.8%가 스마트폰 과의존 위험군인 것으로 나타났다.[*] 특히 청소년 위험군은 2019년에 비해 2020년에 5% 이상 상승했다. 부모도 자녀의 스마트폰 사용을 지도하는 데 큰 어려움을 겪고 있다. 스마트폰을 대체할 놀이와 콘텐츠, 이용 시간 조절 방법의 부족이 가장 큰 어려움이다. 스마트폰을 대체할 대안과 이용 시간을 조절할 방법을 아이와 함께 찾는 것이 시급하다.

　　세계보건기구WHO는 2019년 4월 어린이 스마트폰 사용에 대해

가이드라인을 제시했다. 만 2~4세 어린이는 전자기기 화면을 하루 1시간 이상 지속해서 봐서는 안 된다고 한다.[**] 2012년 발표한 ETRI 연구팀의 전자파 인체 영향 연구 결과에 따르면, 어린이가 휴대전화를 많이 사용할수록 주의력결핍과잉행동장애ADHD 가능성이 큰 것으로 조사되었다.[***] 그만큼 치명적이고 해롭다는 뜻이다. 아이들은 심심하거나 무엇을 해야 할지 모를 때 습관적으로 스마트폰을 만진다. 학급 아이들과 상담할 때 질문을 해보면 3시간 이상 스마트폰을 사용한다는 아이들이 절반 이상이었다. 우리는 아이가 전자기기에 의존하는 상태에서 벗어나도록 도와야 한다.

부모는 해로운 것으로부터 아이를 보호해야 할 의무가 있다. 이 원칙은 절대적으로 지켜져야 하므로 아이와 타협할 수 없는 부분이다. 가장 좋은 방법은 부모가 아이에게 스마트폰을 주기 전부터 명확하게 말해주는 것이다. 스마트폰을 적절하게 사용하기 위해 절제해야 하는 선을 제시하고, 반드시 그것을 따라야 한다는 것을 말이다.

"네 안전을 위해 스마트폰이 필요해. 하지만 사기 전에 반드시 약속할 게 있어. 스마트폰을 적절하게 사용하는 방법에 대해 엄마 아빠와 약속을 정해야 한다는 거야. 어떤 약속이 필요할지 같이 상의해 보자."

이미 아이가 스마트폰을 사용하고 있고 부모와의 실랑이가 시작되었다면 어떻게 할까. 사춘기에 접어든 아이라면 부모의 의견에는 괜한 반감이 생긴다. 이럴 때는 전문가의 입을 빌려서 말해보자. 아이에게 앞에서 언급한 근거를 제시하며 대화를 나누는 것이다. "이거 좀 봐. 엄마가 뭐랬어. 폰 좀 그만 보랬지?" 같은 대화가 아니다. 더 나은 양육 환경을 제공하기 위해 가정 문화에 변화가 필요하다는 것을 알리는 것이다.

> "엄마도 알고는 있었지만, 기사를 보고 좀 놀랐어. 뇌세포에도 영향이 크다고 하네. 종일 게임만 하는 건 성장기에 치명적이라고 하는구나. 네 건강이 걱정돼. 적당히 즐기는 게 정말 중요할 것 같아. 어떻게 하면 같이 게임 시간을 조절할 수 있을까?"
> "아빠가 그동안 생각을 잘못했어. 식사할 때 TV나 스마트폰을 보는 건 좋은 식사 습관이 아니거든. 음식의 맛도 즐기고 대화도 나누면서 즐거운 시간이어야 하는데 아빠가 잘 알려주지 못했네. 이제부터라도 가족을 위해서 식사 시간에는 스마트폰을 내려놓자."

학급 아이 중 스마트폰에 중독된 아이가 있었다. 아이의 아버지와 통화하던 중 너무 화가 나 아이의 스마트폰을 던져 망가뜨렸던 적이 있다는 이야기를 들었다. 그날 이후로 아이는 아빠에 대해 마음의 문을 닫았다고 했다. 이처럼 스마트폰 사용과 관련된 문제를 두고 아이와 힘겨루기를 하면서 관계가 악화되었다면 어떻게 해야 할까. 포기하고 스마트폰을 계속 사용하도록 두는 것도, 강압적으로 제한시키는 것도 답이 아니다.

다음과 같이 솔직하게 아이와 대화를 나누며 다시 소통의 물꼬를 트는 것을 추천한다. 아이와 마음이 통해야 부모의 말이 와닿는다. 아이에게만 무리하게 습관을 변화시키도록 요구하지 말자. '아빠도 계속 폰 보면서 왜 나한테만 그래?'라는 생각이 들면 강한 반감이 생긴다.

부모도 아이와 함께 전자기기 사용을 조절해야 한다. 기존에 내버려 두었던 아이의 행동에 대해 다시 룰을 정하고 변화시키려면 아이에게 이유를 이해시켜야 한다.

> "네게 본보기가 되어야 하는데 엄마 아빠도 그러지 못했던 적이 참 많은 것 같아. 어른들도 힘들 정도면 아이들에겐 당연히 어려울 텐데… 그동안 화만 내서 미안해. 널 위해 엄마 아빠도 같이 노력하기로 했어."
>
> "엄마 아빠도 꼭 필요할 때만 스마트폰을 사용할게."
>
> "우리 이동 중일 때는 스마트폰을 가방에 넣어두자. 엄마 아빠도 그렇게 할게. 안전을 위해 꼭 필요한 약속이야."

아이에게 새로운 약속을 제시했다면 부모는 단단하게 원칙을 지켜야 한다. 새로운 약속을 지키는 것을 아이가 힘들어할 수 있다. 그럴 땐 힘들어하는 아이의 감정은 받아들이되 원칙을 어기는 행동은 단호하게 제한해야 한다.

"이동 시간에 폰을 보지 않는 게 힘들구나. 처음엔 습관을 만드는 게 어려울 수 있어. 힘든 마음 엄마도 충분히 이해해. 하지만 약속은 꼭 지켜야 해. 가방에 넣어두자."

스마트폰 사용을 조절해야 하는 이유와 간절한 부모의 마음이 아이에게 닿는 것이 우선이다. 그 후 본격적으로 아이와 어떻게 시간을 조절할지 상의가 필요하다.

> 엄마: 적당히 즐기려면 시간을 정하는 게 필요하겠지? 하루에 30분 이상은 하지 않는 것이 좋다고 하던데, 30분은 어때?
>
> 아이: 아… 30분은 너무 짧아요.
>
> 엄마: 그래, 너무 짧지? 엄마 생각에도 갑자기 줄이는 건 어려울 것 같아. 그러면 일단 1시간으로 도전해볼까?
>
> 아이: 네, 그 정도는 되어야 할 것 같아요.
>
> 엄마: 하루에 1시간씩 하면 일주일에 7시간이네. 하루에 1시간씩으로 정하는 게 좋을까? 아니면 일주일에 7시간을 쓰되 자유롭게 쓰는 게 좋을까?
>
> 아이: 저는 자유로운 게 좋아요.
>
> 엄마: 그래, 좋은 생각이다. 일단 이렇게 같이 한 번 해보고 잘 안 되면 다시 상의해보자. 엄마도 같이 도전할게.

'이렇게 규칙을 정했으니 무조건 이렇게 해'라고 하기보단 유연성을 두는 것이 좋다. '무조건 따라야 해'보다 '우선 이렇게 해보고 잘 안 되면 다른 방법도 찾아보자'라고 할 때 훨씬 마음에 여유가 생긴다. 해볼 만하다는 느낌이 들어야 아이도 동참할 수 있다. '약속했는데도 왜 안 지켜!'라고 아이를 다그치지 말자. 도전해보고 실패한다면 원인을 분석하고 개선할 방법을 함께 찾으면 된다. 아이에게 실패 경험이 반복되어 자존감이 낮아지면 아예 변화를 포기하는 수가 있다. 충분히 지킬 수 있도록 함께 상의하고 우리 가정에 맞는 규칙을 찾자.

스마트폰 사용 규칙을 정할 때 꼭 기억해야 할 것이 있다. 기본적으로는 사용 시간을 정해야 하지만 매번 그 시간만큼 딱 떨어지게 사용하긴 어렵다는 것이다. 게임은 끝나려면 한 판이 끝나야 하고, 영상은 그만 보려면 시청하던 한 편이 끝나야 한다. 영상 1개, 게임 2판 등 구체적인 양으로 아이와 시간을 협상하는 것이 좋다. 약속 시간이 끝나기 직전에 "이제 꺼"라고 말하지는 말자. "30분 남았어", "10분 남았어"라고 미리 이야기해주어 아이가 하던 것을 스스로 마무리할 여유를 주는 것이 좋다.

시간 조절 약속을 정하는 것보다 더 근본적이고 중요한 것이 있다. 아이에게 스마트폰에 대한 대체재를 제공해야 한다는 것이다. 아이들은 학교, 방과후 활동, 학원, 방문 학습지 등 공부에 대한 스트레스가 높다. 이 스트레스를 풀 방법이 스마트폰밖에 없다면 당연히 사용 시간 조절이 어렵다. 아이가 밖에서 뛰어놀 기회를 주어야 한다. 하교 후 시간에 친구들과 마음껏 놀 수 있는 여유가 있다면 가장 좋다. 가족과 함께 요리하기, 산책하기 등 일상을 함께하는 시간도 도움이 된다. 가능하다면 박물관, 미술관, 공연장 등 다양하고 신선한 자극을 주는 것도 필요하다. 게임 외에 스트레스를 해소할 방법을 찾는 것이다. 가족이 함께 즐길 수 있는 보드게임을 구비하는 것도 좋은 방법이다. 스마트폰 게임 대신 보드게임을 통해 즐거움을 얻을 수 있으니 말이다.

방과후 학교에 남아 시간을 보내던 아이들이 있었다. 처음엔 친구들끼리 스마트폰 게임을 하거나 함께 유튜브를 보면서 시간을 보냈다. 그 모습을 보며 어떻게 지도할지 잠시 고민했다. 집에 가서도 분명 폰을 붙들고 있을 것이다. 학교에서만이라도 스마트폰과 멀어지기를 바랐던 마음에 다른 놀이를 하도록 지도했다.

처음엔 아쉬워했지만, 곧 여러 놀거리를 찾았다. 패드로 그림 그리고 네이버 그라폴리오(네이버에서 운영하는 사이트로 작가들이 개인 작품 사진을 올리는 공간)에 올리기, 카드놀이, 보드게임, 술래잡기, 역할놀이, 딱지치기, 나무젓가락으로 고무줄 총 만들기, 동영상 보며 춤 연습하기 등. 특히 수업 중에 했던 로고 만들기와 시장놀이 등의 활동을 각색해 자신들만의 놀이로 만든 게 놀라웠다. 스마트폰과 거리를 두게 할 때 아이의 창조성이 살아난다.

아이의 인생에서 스마트폰을 완전히 금지할 수는 없다. 친구들과 적절히 소통하고 또래와 문화를 공유할 수준에서 건전히 사용하면 된다. 아이가 관심을 보이는 콘텐츠나 게임이 있다면 부모도 공유하며 아이의 관심사를 이해하도록 노력해보자. 스마트폰을 왜 붙들고 있는지, 어떤 면에서 조절이 어려운지 아이 입장에서 이해할 수 있을 때 아이도 마음의 문을 열 것이다. 스마트폰 외에 아이가 스트레스를 해소할 방법이 없다면 아이의 관심사에 맞는 대안을 찾아보자. 아이와 스마트폰 문제를 두고 쌓였던 갈등의 골을 해소할수록 휴대폰 사용에 대한 대화가 원활해질 것이다.

스마트폰 사용 지도는 이렇게 해주세요

이런 말은 멈춰주세요

- "폰 끄라고 했지? 종일 폰만 볼래?"
- "그만 좀 해. 엄마는 어른이고 넌 애야. 너도 어른 되면 써."
- "이게 어디서 말대꾸야. 1분 남았으니까 당장 꺼."
- "약속 안 지키면 핸드폰 밖에 던져버린다. 당장 갖고 와."

이렇게 말해주세요

- "아빠가 그동안 생각을 잘못했었어. 핸드폰을 적절히 써야 하는데 네게 그걸 알려주지 못했던 것 같아. 지금부터라도 가족끼리 약속을 정해보자."
- "엄마 아빠도 가족끼리 정한 스마트폰 사용 약속을 꼭 지킬게. 네게만 무리한 요구를 하지 않고 온 가족이 함께할 거야."
- "스마트폰 조절은 어른들도 쉽지 않아. 힘들 수 있어. 그래도 같이 노력해보자. 언젠가는 네가 스스로 조절할 수 있을 거야."
- "유튜브 영상 3개 보고 끄기로 했었지? 이제 1개 남았네. 아쉽겠지만 약속은 꼭 지켜야 하는 거야."

8장

부부 갈등,
이혼 상황에서의
대화법

아이가 안정될 수 있도록, 부모의 사랑에는 변함이 없다는 것을
반복해서 말해주세요. 아이의 힘든 감정은 받아주되,
불가능한 요구나 잘못된 행동에는 선을 그어주어야 합니다.
가정에 위기가 왔다고 해도, 변함없는 부모의 사랑을
말로 표현해준다면 아이는 잘 자랄 수 있습니다.

v v v v v v v v v v v v v

"엄마 아빠의 문제이지 너 탓이 아니야.
넌 여전히 소중한 우리 자녀야."
"네 마음이 무척 힘든 걸 알아. 엄마도 마음이 꽤 아프구나.
엄마 아빠가 같이 살 수는 없지만 너를 향한
엄마의 사랑, 아빠의 사랑은 그대로란다."

아이를 안정시키는 말
"서로 의견이 달라도 부드럽게 말해볼게"

몇 년 전 1학년을 맡았을 때의 일이다. 어느 순간부터 교실 물건이 하나둘 없어지더니 예상치 못한 곳에서 발견되었다. 바둑돌이 정원에 쏟아져 있기도 하고, 학급 명찰이 운동장에 버려져 있기도 했다. 아이들을 살펴보던 중 우연히 이렇게 행동한 아이를 찾았다.

모든 문제 행동에는 반드시 원인이 있다. 원인을 찾으려고 아이와 깊은 대화를 나누며 최근 주변 상황에 어떤 변화가 있었는지 파악했다. 아이가 최근에 부모가 무섭게 싸우는 광경을 목격했음을 알게 되었다. 이외에도 아이의 생활 패턴에 몇 가지 변화가 보였다. 몰래 나쁜 행동을 하며 '내가 힘든 것 좀 알아주세요'라고 외치는 아이의 목소리가 들리는 듯했다.

아이가 부부 갈등이 심각하다고 느낄수록 스트레스와 문제 행동이 높게 나타난다고 한다.[*] 뷸러와 제럴드 박사의 연구에 따르면, 부부간의 갈등이 높을수록 자녀를 과하게 통제하는 말을 하는 경향 또한 관찰된다.[**] 부부 갈등으로 마음에 여유를 잃은 상태여서 아이에게도 부정적인 말을 하는 것이다. 부부간의 갈등을 피할 수 없다면 이 갈등에 대해 아이와 대화를 나눠야 한다. 덮고 넘어가지 말고 짚고 넘어가자. 아이가 부부 갈등으로 스트레스 상황에 노출되는 것을 최소화하기 위함이다.

이번 장에서는 부부 갈등에 대해 아이와 어떤 방식으로 대화하면 좋은지 생각해보자.

> 엄마: 당신이 잘못한 거잖아.　　　　　　　　　　　　　✦
> 아빠: 나만 잘못했어? 왜 그렇게 이기적이야?
> 　　　(부부간에 언성이 점점 높아진다.)
> 아이: 엄마, 나 배고파. 치킨 먹자.
> 엄마: 엄마 지금 아빠랑 얘기 나누고 있잖아. 들어가 방에.
> 아빠: 들어가서 동생하고 놀고 있어.
> 아이: 나 너무 배고파서 배 아픈 거 같은데….
> 아빠: 일단 화장실 다녀와 봐.

아이 앞에서 싸워선 안 된다는 것을 알고 있지만 실천하기가 쉽지 않다. 아이가 듣지 못하게 문을 닫고 작은 목소리로 다퉈도 무거운 분위기는 아이들에게 그대로 전해진다. 눈치가 빠른 아이들은 부부의 표정과 말투만 보고도 알아차린다. 위 대화에서 아이는 다투는 부모에게 다가가 갑자기 치킨을 먹자고 한다. 부모가 다투는 상황인 걸 몰라서 그럴까. 아니다. 아이는 상황을 알고 있다.

아이는 부모가 싸우는 모습을 보며 두려움과 불안을 느꼈다. 싸움을 멈추게 하고 싶지만 어떻게 해야 할지 몰라 고민을 했을 것이다. 그러다가 배고프다며 용기를 내어 부모에게 다가갔다. 이처럼 아이들은 부모가 다투는 중에 뜬금없이 다른 화제로 말을 돌릴 수 있다. 부모가 다투는 걸 보고도 아무렇지 않게 밝은 모습으로 부모를 대할 수도 있다. 이 모습을 보고 '우리 아이는 부모가 다투는 모습을 봐도 크게 상처받지 않았구나. 다행이다'라고 생각하면 안 된다. '아이가 이해하고 있겠지'라는 생각도 착각이다.

아이는 부모의 갈등에 대한 불안감과 두려움 등을 가슴 한구석에 품고 있는 상태이다. 아이가 편안하게 자신의 불안과 공포 등의 감정을 드러낼 수 있도록 도움을 주어야 한다. 덮어두지 말고, 짚고 넘어가야 하는 이유가 여기에 있다. 부모가 먼저 다투었던 상황을 아이에게 설명하고 마음을 표현할 필요가 있다.

부부 다툼에 대해 아이와 대화를 나누지 않고 덮어두면 어떻게 될까. 다음과 같이 아이가 혼란을 느낄 수 있다. '사이좋게 지내면 되지 왜 자꾸 싸우는 거야? 나를 사랑하지 않는 건가?' '이렇게 다시 사이좋게 지낼 거면서 이혼한다는 말은 왜 한 거야?' '그냥 서로 좀 참으면 되지. 내 앞에서 왜 저러는 거야. 진짜 이해 안 돼.'

아이와 부부 다툼에 대해 어떻게 대화를 나누면 좋을까. 엄마와 아빠가 서로 존중하지 않는 태도로 다투었다면 그 행동이 잘못된 것임을 아이에게 말해야 한다. 그리고 아이가 느꼈던 감정에 관해 물어봐야 한다.

> "엄마랑 아빠가 너희 앞에서 싸우는 모습을 보여서 정말 미안해. 화가 났어도 존중하면서 부드럽게 표현해야 했어. 우리의 다툼에 네 마음이 힘들었을까 봐 걱정되네. 네 마음이 어떤지 얘기해줄 수 있을까?"

아이는 자신의 감정을 표현하는 데 서툴 수 있고, 상처가 커서 말하고 싶지 않을 수도 있다. "잘 모르겠어요", "몰라요"라고 대답한다면 아이를 재촉하지 말고 이렇게 말해주자. 부모가 다툴지라도 아이를 향한 사랑은 변함이 없다는 것을.

> "그래, 너도 네 감정을 잘 모를 수 있어. 엄마 아빠가 분명히 말해줄 수 있는 건 의견이 맞지 않아 다툴 때도 있지만 너를 향한 사랑만큼은 변함이 없다는 거야. 엄마 아빠에게 하고 싶은 말이 생각나면 언제든 말해주렴."

아이가 자신의 감정을 표현한다면 적극적으로 경청해야 한다. 자신의 감정을 직면하고 말로 표현하려면 큰 용기가 필요하다. 다루기 힘든 문제를 직면하는 건 어른에게도 쉽지 않은 일이다. 용기 내어 말하는 아이에 대한 고마움을 꼭 표현하자. 가족의 관계 개선을 위해 아이도 노력하는 것이다. 다음과 같이 대화를 통해 아이의 마음을 다독여보자.

> **아이:** 엄마랑 아빠가 큰소리로 다투니까 정말 무서웠어요. ✦
> 밤에 잠도 안 왔고요.
> **엄마:** 그래, 아주 무섭고 불안했지? 엄마 아빠도 알고 있어. 정말 미안해.
> **아빠:** 어떻게 하면 네 마음이 나아질 수 있을까?
> **아이:** 엄마랑 아빠랑 화해하면 좋겠어요. 앞으론 싸우지 마세요.
> **엄마:** 응, 엄마랑 아빠랑 화해했어. 앞으론 의견이 달라도 부드럽게 말하도록 노력해볼게.
> **아빠:** 아빠도 노력할게. 네 마음을 말해주어 고마워.
> **엄마:** 엄마 아빠는 널 정말 많이 사랑한단다.

우리 학급에서는 친구에게 욕이나 나쁜 말을 사용하면 상대방에게 긍정적인 말 10가지를 들려주는 것을 규칙으로 정해두고 있다. 아이가 받은 부정적인 자극을 긍정적인 말 샤워를 통해 씻어내는 것이다. 이를 가정에서도 활용하도록 '긍정적인 말 10가지'를 가정으로 보냈던 해가 있다. 아이가 부모님께 크게 혼났을 때나 가족 간의 다툼이 생겼을 때 이 규칙을 활용했다는 가정이 있었다. 처음엔 좀 어색했지만 적응하고 나니 가정의 분위기에 좋은 영향을 주었다는 후기를 들려주었다.

방법은 간단하다. 아이가 가장 듣고 싶은 말이 무엇인지, 엄마와 아빠가 서로에게 해주었으면 하는 말은 무엇인지 아이에게 물어보자. 아이가 말해주는 문장들을 종이에 적으면 된다. 부부가 서로에게 듣고 싶은 말을 추가해도 좋다. 종이는 잘 보이는 곳에 붙여두자. 아이가 원한다면 언제든지 긍정적인 말을 해주는 시간을 갖는 것을 추천한다. 아이에게 이렇게 말해주자. "넌 엄마 아빠가 다투었을 때 이 문장을 크게 읽도록 요청할 수 있어", "언제든 네 마음이 힘들거나 네가 이 말들을 듣고 싶을 땐 얘기해. 큰 목소리로 읽어줄게."

긍정적인 말 10가지 문장 예시

① 엄마, 아빠는 ○○이를 사랑해.
② ○○이는 우리에게 가장 소중한 보물이야.
③ ○○이는 이 세상에 꼭 필요한 사람이야.
④ 엄마는 진심으로 아빠를 사랑해.
⑤ 아빠는 진심으로 엄마를 사랑해.
⑥ 우리 가족은 서로를 존중해.
⑦ 갈등이 생겨도 평화롭게 해결할 거야.
⑧ 서로의 마음을 잘 들어줄 거야.
⑨ 우리는 점점 더 서로 사랑할 거야.
⑩ ○○이는 건강하게 잘 자라날 거야.

오클랜드대학 슈리너 히라 교수는 연인 관계의 사람들을 대상으로 연구를 했다.*** 160명에게 '자신이 변하려고 노력해야 하나요? 아니면 상대방이 변하기 위해 노력해야 하나요?'라는 질문을 던졌다. '상대방이 변해야 한다'고 대답한 연인은 관계가 잘 개선되지 않았고, 오히려 악화되기도 했다. 반면 '자신이 변해야 한다'고 대답한 사람들은 연인과의 관계가 좋아졌다고 한다. 히라 교수는 상대방을 바꾸려는 행동이 반발심, 적대심, 분노 등 부정적인 결과를 낳는다고 분석했다.

깊이 생각해볼 만한 연구 결과이다. 부부간의 갈등을 줄이는 것이 아이의 행복을 키우는 방법이다. 아이와의 대화만큼이나 부부간의 대화는 중요하다. 아이에게 무시, 지시, 강요 등의 말투를 쓰지 않기 위해 노력하듯 부부간에도 노력이 필요하다. 아이의 행복을 위해 이런 대화를 참고해두자.

아이를 위해 피해야 할 부부 대화

- "내가 이 정도로 하는데 당신은 하는 게 뭐가 있어?"
- "알아서 좀 도와. 이걸 봐도 뭘 해야 할지 스스로 생각이 안 들어?"
- "이 모양으로 해놓으니 부탁도 못 하겠네."

아이를 안심시키는 부부 대화

- "나 혼자는 정말 어려워. 이런 부분은 나 혼자선 역부족이야." (솔직하게 도움 요청하기)
- "내가 방을 닦는 동안 아이 좀 씻겨줄래요?" (구체적으로 부탁하기)
- "도와줘서 고마워." (작은 일에도 감사 표현하기)

부부간의 갈등을 최소화하기 위한 평상시 대화가 중요하다. 부부간에 다투었다면 회피하지 말고 아이와 대화를 나눠야 한다. 특

히 아이 앞에서 다투었다면 꼭 사과하고 아이의 마음을 돌보아야
한다. 덮어두고 넘어가는 것은 아이의 마음이 회복되는 데 도움이
되지 않는다. 부부간에 다툼이 있더라도 여전히 아이를 사랑하는
부모의 마음을 표현하자. 그때 아이도 마음의 안정을 찾을 수 있다.

이혼을 받아들이도록 돕는 말

"절대 너의 잘못이 아니란다"

2021년 한 해 동안 우리나라의 혼인 건수는 총 19만 2,507건, 이혼 건수는 10만 1,673건이었다. 비율로 따지면 이혼 건수가 혼인 건수의 50%에 달한다. 이혼은 급증하고 있으나 이혼 가정에서 자녀를 어떻게 양육해야 하는지에 대한 자료는 턱없이 부족하다.

이혼을 이해시키기 위해 아이에게 했던 말이 되려 독이 되는 경우를 종종 본다. 배우자에 대한 정리되지 않은 감정이 여과 없이 아이에게 쏟아지기도 한다. 부모도 힘든 시간을 보내지만, 아이에게도 부모의 이혼은 단순한 사건이 아니다. 부부가 이혼을 앞두고 있을 때, 아이와 어떻게 대화를 나눠야 할까.

엄마: 네 아빠가 이렇게만 했어도 이혼 얘기까지는 안 나왔을
　　　텐데. 정말 왜 그러는지 이해가 안 된다. 아무리 말해도 바뀌지
　　　도 않고 엄마는 이제 포기했어.

아이: 엄마 제발요. 안 돼요.

엄마: 너를 두고도 어쩜 그러니 네 아빠는. 엄마는 이제 모르겠다
　　　정말.

아이: 아빠는 언제 오시는 거예요?

엄마: 네 아빠는 아빠 자격도 없어. 물어보지도 마.

　　첫째, 상대 배우자에 대해 비난하지 말아야 한다.

　　배우자와 사이가 좋지 않아 정서적으로 고통을 받고 있을 땐 아이에게도 어쩔 수 없이 부정적인 감정이 전달될 수밖에 없다. 상대 배우자의 단점을 쏙 빼닮은 아이의 모습을 보면 참기 어려운 감정이 올라오기도 한다. 정서적으로 위로를 바라며 아이에게 하소연도 한다. 그러나 이는 피해야 할 태도이다. '내가 사랑하는 엄마'가 '내가 사랑하는 아빠'를 힘들게 한다는 것을 알 때, '내가 사랑하는 아빠'가 '내가 사랑하는 엄마'를 배신했다는 것을 알 때 아이가 느끼는 혼란은 상상을 초월한다.

　　상대 배우자를 탓하지 말고, 아이가 이해할 수 있는 수준에서 이혼 이유를 말해주어야 한다. 진심으로 사랑해서 결혼했지만, 더는 함께 살 수 없게 되었음을 설명해야 한다.

　　"엄마 아빠는 서로 진심으로 사랑해서 결혼했어. 그런데 함께 살다

보니 부딪힐 때가 많았지. 매일 심하게 다투면서 차갑게 지내는 건 이제 그만하려고 해. 떨어져 지내는 게 우리 모두가 마음을 회복하는 데 더 도움이 될 거라고 판단했어."

"같이 살면 엄마와 아빠의 사이가 나빠지기만 해. 엄마 아빠는 서로 거리를 두는 게 필요해. 엄마 아빠가 다투지 않는 환경이 너희들에게도 좀 더 안전한 환경이라고 생각하거든. 모든 사람을 위해서 이혼을 하기로 했어."

아이가 어리다면 비유를 들어 설명해주면 이해하기가 쉽다. 아이가 자주 가지고 노는 장난감이나 인형, 좋아하는 동물 등을 비유로 들어보자.

"길이 비좁아서 자동차 두 대가 서로 쾅쾅 계속 부딪히면 망가지겠지? 그럴 때 서로 멀리 떨어지거나 다른 길로 가야 안전해. 엄마 아빠도 계속 부딪히고 싸우면서 마음이 많이 다쳤어. 그래서 따로 떨어져 살면서 안전하게 지내기로 한 거야."

둘째, 아이의 탓이 아님을 알려주어야 한다.

아이가 어릴수록 '나'를 중심으로 세상을 해석한다. 부모의 이혼 또한 자신의 탓으로 생각할 수 있다. 자신이 혼났던 경험을 떠올리며 자신이 부모를 화나게 한 탓이라고 생각할 수 있다. 부모가 자신을 더는 사랑하지 않아서라고 생각할 수도 있다. 이런 생각은 아이의 자존감에 큰 타격을 준다.* 이혼의 원인은 아이 탓이 아닌 엄마와 아빠의 관계 문제라는 것을 명확하게 밝히자. 엄마 아빠의 관계 문제를 해결하기 위해 이혼이라는 방법을 택한 것임을 설명하면 된다.

> "엄마 아빠가 같이 살지 못하는 건 엄마와 아빠 사이의 일 때문이야. 네 잘못이 아니야."
>
> "어쩌면 너희가 방을 어질러서, 공부를 열심히 안 해서 엄마 아빠가 떨어져 지낸다고 생각할 수도 있을 거야. 하지만 절대로 너희들 탓이 아니야. 엄마 아빠 둘 사이의 문제 때문이야."
>
> "엄마 아빠가 떨어져 지내는 게 우리 가족이 더 평화로워지는 방법이라고 생각했어. 여전히 엄마 아빠에게 넌 무엇보다 소중한 존재야. 너 때문에 엄마 아빠가 헤어진다고 생각하지 말아줘. 그건 사실이 아니야."

셋째, 갑작스러운 통보는 피하는 것이 좋다.

부모의 이혼은 아이의 삶을 뒤바꾼다. 정서적인 것뿐 아니라 현실적인 부분에서도 당연히 영향을 받는다. 부모는 이혼을 두고 오랜 시간을 숙고하며 마음을 정리하는 시간을 가질 수 있지만 아이는 그렇지 않다. 갑작스러운 통보는 아이에게 큰 상실감을 가져다준다. 가족의 이별은 중대한 사건이다. 중대한 일에 자신의 의견은 조금도 반영되지 않았다고 생각해 큰 무력감을 느낄 수 있다. 따라서 가능하면 이혼 전에 아이에게 앞으로의 계획과 변화를 말해야 한다.

특히 이혼한 후 맞이할 일상의 변화에 대해 상세히 설명해주어야 한다. 아이는 자신의 변화될 삶에 대해 막연한 두려움이 있을 수 있기 때문이다.

엄마: 넌 아빠와 함께 이 집에서 그대로 살게 될 거란다. ✦

아이: 엄마가 없으면 난 누구랑 같이 있어요?

엄마: 아빠가 일하시니 당분간은 친할머니께서 밥도 해주고, 빨래도 해주고, 네 일상을 돌봐줄 거야.

아이: 엄마는요?

엄마: 엄마는 이사하게 될 텐데 이사하면 어디에서 사는지 알려줄게. 떨어져 살지만 언제든지 네가 원하면 엄마가 널 보러 올 거야.

아이: 학교랑 학원은요?

엄마: 지금 다니던 학교도, 학원도 그대로 다니면 돼. 친구들도 그대로 볼 수 있고. 걱정하지 않아도 된단다.

이때 중요한 건 생활의 모습은 바뀌어도 아이를 향한 부모의 사랑은 변함이 없다는 것을 알려주는 것이다. 이전의 삶과 같을 수는 없지만, 부모와 자신의 관계는 여전히 견고하다는 것을 느끼게 도와주어야 한다. 그래야 아이는 그 속에서 안도감을 느낄 수 있다.

"우리가 더는 함께 살 수는 없지만, 널 사랑하는 마음은 변하지 않아. 엄마 아빠는 널 끝까지 사랑해. 매일 만나지 못할 뿐 우리는 계속 부모와 자식의 관계인 거야."

"너와 엄마, 너와 아빠와의 관계는 누구도 끊을 수 없어. 널 향한 사랑은 영원할 거야."

넷째, 아이가 슬픔, 분노, 원망 등의 감정을 충분히 표현할 수 있도록 해주어야 한다. 부정적인 감정이 속에 쌓이면 아이의 마음 건강에 독이 된다.

아이의 마음이 안정될 때까지 다음과 같은 말들은 금물이다. 아이를 격려하고자 하는 마음에 하는 말이지만 아이의 감정 표현을 가로막는 말이기도 하다.

"울지 마. 네 엄마 같은 사람은 없는 게 나아."

"씩씩하게 지내야 아빠도 마음이 놓이지. 슬퍼하지 마."

"이번 주말에도 아빠 볼 수 있는데 뭐가 슬퍼? 괜찮아."

"네가 씩씩해야 엄마도 힘이 나지."

"이혼한 게 엄마 아빠 탓이야? 어쩔 수 없는 거라고 몇 번을 말해."

아이의 감정을 있는 그대로 받아들이고, 아이가 받아들여야 할 현실적인 부분은 명확히 말해주자.

"많이 힘들지. 힘든 게 당연해. 힘들면 울어도 괜찮아."

"네 마음이 괜찮아질 때까지 아빠는 기다릴 수 있어. 시간이 필요
할 거야."

"엄마가 보고 싶구나. 주말까지 기다리는 게 힘들 수 있어. 아빠랑
뭘 하면서 이번 주를 보내면 좋을까?"

"네가 엄마 아빠와 다 같이 살고 싶어 하는 걸 알아. 그렇지만 이제
그럴 수가 없단다. 떨어져 산다고 해도 널 사랑하는 엄마 아빠의
마음은 변치 않아."

　　스트레스의 순위를 조사한 미국의 한 연구 결과에 따르면, 1순
위가 배우자의 죽음, 2순위가 이혼인 것으로 나타났다.[**] 이혼을
겪는 과정은 자녀들에게도 이루 말할 수 없는 고통이다. 자녀가 부
모의 이혼을 받아들이기까지는 시간이 필요하다는 것을 이해해야
한다. 무엇보다 부부간의 상처가 아이에게 전달되지 않도록 말에
주의가 필요하다. 가족이 떨어져 살게 된 상황을 받아들일 수 있
도록 시간적 여유를 주어야 한다. 아이의 감정을 충분히 수용해주
되 받아들여야 하는 현실을 구체적으로 알려준다면 아이가 안정
을 찾아가는 데 큰 도움이 될 것이다.

보이지 말아야 할 태도와 하지 말아야 할 말

① 상대 배우자 탓하기
　"네 아빠 때문이야."
　"어쩌다가 내가 네 엄마를 만나서."
② 아이의 죄책감 무시하기
　"뭘 이렇게 위축되어 있어? 누가 네 잘못이래? 안 그래도 힘든데 너까지 왜 이래."
③ 숨기다가 갑작스럽게 통보하기
　"사실, 엄마 아빠가 헤어지기로 했어. 내일 아빠가 짐을 다 가져갈 거야."
④ 생활의 변화를 준비할 시간 주지 않기
　"내일부턴 엄마랑 할머니 댁에 가서 지낼 거야."
⑤ 아이의 감정 무시하기
　"울지 마. 슬퍼할 것 없어."
　"넌 네 일만 제대로 하면 돼."

꼭 들려주어야 할 말

① 이혼 이유를 이해할 수 있게 설명하기
　"이런 이유로, 이제 모두를 위해 따로 살기로 했어."
② 아이 탓이 아님을 알려주기
　"엄마 아빠의 문제이지 네 탓이 아니야. 넌 여전히 소중한 우리 자녀야."
③ 이혼에 대해 미리 말해주기
　"엄마 아빠는 앞으로 이렇게 떨어져 살 준비를 하게 될 거야."
④ 생활의 변화에 대해 구체적으로 알려주기
　"네 삶에서 이런 부분은 변하고, 이런 부분은 그대로 유지될 거야."
⑤ 아이의 감정 받아주기
　"힘들면 울어도 괜찮아."
　"떨어져 산다고 해도 널 사랑하는 엄마 아빠의 마음은 변치 않아."

8-3

이혼 후, 아이에게는 두려움이 찾아온다

"너를 향한 사랑은 그대로란다"

영국 카디프대학 고든 해럴드Gordon Harold 박사는 부부가 자주 심하게 다투는 환경에서 자란 아이들은 학업 성적도 낮아질 수 있다고 밝혔다.* 스트레스가 그만큼 뇌에 영향을 준다는 의미이다. 이러한 측면에서는 부부 다툼으로 늘 불안과 두려움에 휩싸이는 환경보다 이혼 후의 환경이 더 안정적일 수 있다.

아이의 양육에는 여러 요소가 복합적으로 작용한다. 부모가 안정적인 양육 태도로 자녀를 키울 수 있다면 이혼 가정에서도 아이는 충분히 잘 자랄 수 있다. 무엇보다 부모의 이혼 후에 겪을 수 있는 두려움을 잘 다뤄주는 게 중요하다. 안정을 찾는 데 큰 도움이 되기 때문이다. 이혼 후에 아이에게는 어떤 두려움이 찾아올까.

맨 먼저 부모로부터 버려질 수 있다는 두려움이 생긴다.

아이가 만나는 가장 큰 두려움이 부모로부터 버려질 수 있다는 두려움이다. 아이 입장에서 이혼은 부모가 서로를 버린 것과 같은 상황이다. 가족이라는 나를 지키던 단단한 울타리가 무너질 수 있다는 것에 아이는 큰 충격을 받는다. 당연하다고 생각했던 엄마와 아빠의 관계가 무너졌듯 부모와 나의 관계도 무너질 수 있다는 두려움이 생긴다. 이 두려움을 해소하려고 아이는 떼를 쓸 수 있다. 아이가 떼쓸 때 부모의 반응에 따른 결과를 상황별로 살펴보자.

> [상황1]
> 아이: 엄마, 우리 아빠랑 다시 같이 살면 안 돼요? 제발요. 내가 이제 말 잘 들을게요.
> 엄마: 이미 결정된 일이야. 더는 어리광부려선 안 돼. 너도 받아들여야 해.

아이가 강해지길 바라는 마음에 이런 말을 하게 된다. 그러나 감정을 받아주지 않고 슬픔을 표현하는 걸 막는다면 아이 가슴에 상처로 남을 수 있다.

[상황 2]

아이: 엄마, 우리 아빠랑 다시 같이 살면 안 돼요? 제발요. 내가 이제 말 잘 들을게요.

엄마: 그건 안 돼. 대신 저녁에 네가 먹고 싶다고 했던 거 먹으러 가자.

다른 화제로 회피하면 아이의 감정에 대해 다루지 못하게 된다. 아이가 갑자기 떼쓰며 부모와 같이 살자고 하는 데는 아이만의 이유가 있을 수 있다. 엄마 아빠와 함께 놀러 가는 친구들을 보며 부러운 마음이 든 상황, 아빠와 같이 살지 않는다고 친구에게 놀림을 당한 상황처럼 말이다. 아이가 자신의 감정과 생각을 털어놓을 수 있도록 기회를 주자.

[상황 3]

아이: 엄마, 우리 아빠랑 다시 같이 살면 안 돼요? 제발요. 내가 이제 말 잘 들을게요.

엄마: 엄마가 너무 미안해. 다 엄마 잘못이야. 엄마 탓이야.

아이에 대한 죄책감을 지나치게 표현한다면 문제가 된다. 죄책감 때문에 훈육해야 할 상황에 적절히 대처하지 못할 수 있다. 또 아이가 '엄마 아빠가 잘못했어. 당연히 내가 요구하는 걸 들어주어야 해'라는 생각을 하게 될 수 있다.

[상황 4]　　　　　　　　　　　　　　　　　　　　　　　✦

아이: 엄마, 우리 아빠랑 다시 같이 살면 안 돼요? 제발요. 내가 이제 말 잘 들을게요.

엄마: 엄마, 아빠, 은서가 같이 살던 때로 돌아가고 싶은 거구나. 왜 그런 생각이 들었어?

아이: 아빠도 보고 싶고 다 같이 놀러 가고도 싶어.

엄마: 은서가 얼른 아빠가 보고 싶구나. 어디로 놀러 가고 싶어?

아이: 그때 조개 캐러 갔던 바다 다시 가고 싶어요.

엄마: 맞아. 진짜 재밌었지? 은서야, 이번 주 토요일이면 아빠하고 만날 수 있는 날이네. 아빠한테 조개 캐러 가자고 미리 전화로 얘기해놓을래?

아이: 네, 그렇게 할래요. 엄마도 같이 가요.

엄마: 엄마도 같이 갔으면 하는 은서 마음은 잘 알겠어. 엄마와 아빠도 여전히 은서의 엄마로, 은서의 아빠로 당연히 은서를 사랑해. 하지만 이제 은서를 만나는 방식이 달라졌단다. 엄마와는 주중에 즐겁게 보내다가 토요일엔 아빠와 즐겁게 시간을 보내고 오면 돼.

네 번째 상황에서는 엄마가 아이의 감정을 수용한다. 아이가 왜 그런 생각을 했는지 물어보고 아이의 욕구를 파악한다. 이 2가지를 기억하고 대화를 나누면 된다. 여전히 아이를 사랑한다는 것, 계속해서 아끼고 돌보아줄 것이라는 사실을 끊임없이 반복해서 말해주어야 한다. 부모에게는 당연하지만 아이는 두려움에 휩싸여 부모의 사랑을 의심할 수 있기 때문이다. 떨어져 있더라도 부모의 사랑은 영원하다는 것, 부모-자식 관계는 유지된다는 것을 아이가 받아들이도록 도와주어야 한다. 이 사실을 받아들이고 아이가 안정되기까지는 부모의 노력이 필요하다.

아이가 만날 수 있는 두 번째 두려움은 '부모에게 상처를 주지 않을까'라는 마음이다. 아이가 왜 이런 두려움을 갖게 되는지 사례를 살펴보자.

엄마: 왔구나. 아빠 집 잘 다녀왔어?　　　　　　　　　　✦
아이: 응.
　　　→ 아이의 속마음(잘 다녀왔다고 하면 엄마가 서운해하지 않을까?)
엄마: 아빠가 밥은 잘 챙겨줬니?
아이: 응.
　　　→ 아이의 속마음(라면 먹었는데, 엄마가 아빠를 더 미워하면 어떡하지?)
엄마: 아빠랑 노니까 재미있었어?
아이: 아니, 별로였어.
　　　→ 아이의 속마음(내가 재밌었다고 하면 엄마가 속상하겠지?)

부모의 간단한 질문에도 아이는 많은 생각을 할 수 있다. 엄마도 아빠도 아이에게는 소중한 부모이다. 엄마가 아빠를 미워한다고 생각하는 아이의 입장을 떠올려보자. 아이는 아빠에게 사랑을 느끼는 자신의 마음에 죄책감을 느낀다. 엄마에게 미안한 감정도 든다. 여전히 아빠가 보고 싶은 마음이 엄마를 힘들게 하진 않을까 두려움도 느낀다. 아빠가 엄마에 대해 반감을 표현해도 마찬가지이다. 전 배우자에 대한 부정적인 말은 아이를 정말 힘들게 한다.

전 배우자를 만나고 온 아이에게 다음과 같은 질문을 해선 안 된다. 질문을 통해 전 배우자를 비난하는 뉘앙스가 전해지니 말이다.

> "아빠 밤에 또 술 마셨니?"
>
> "가니까 할머니가 또 엄마보고 안 좋은 소리 했어?"
>
> "엄마가 뭐 캐묻진 않았어?"
>
> "너 아빠가 여자친구 소개해줬던 거 엄마한테도 말했어?"

전 배우자에 대해 취조하듯 묻는 것은 삼가자. 목소리에 화가 섞인 상태에서 물어보는 말은 아이를 당황하게 한다. 아이는 어떤 식으로 말해야 부모의 마음이 상하지 않을지 눈치를 보게 되고 초조해진다. 때론 거짓말을 하고 죄책감을 느낄 수도 있다. 전 배우자에 대한 반감이 남아 있더라도 아이에게 그 감정을 전해주지는 말자. 아이는 부모를 가장 편안하게, 안정적인 상태에서 정기적으로 만나야 한다. 아이에게 질문할 땐 아이의 행복에 초점을 두고 물어보는 것이 좋다.

> "엄마랑 어떤 재밌는 곳을 같이 갔을까?"
>
> "아빠랑 같이 있으면서 어떤 게 가장 재미있었어?"
>
> "엄마는 건강하게 잘 지내셔?"
>
> "다음에 갈 때 더 챙겨가야 할 게 있을까?"

아이의 두려움을 해소하려면 부모가 먼저 죄책감에서 해방되어야 한다. 혼자서도 아이를 잘 키울 수 있다는 용기, 내 아이는 곧 안정을 찾을 것이라는 바람을 가지자. 부모의 마음이 안정되어야 아이의 두려움으로 인해 나타나는 행동을 이해하고 감정을 받아줄 수 있다. 또 전 배우자에 대한 반감이 말투 속에 드러나지 않도록 주의가 필요하다. 특히 아이가 전 배우자와 만나는 시간이 편안할 수 있도록 대화가 필요하다. 아이의 두려운 마음이 잘 해소될 수 있도록 도와준다면 충분히 현재에 적응하고 안정을 찾을 수 있을 것이다.

TIP 부모의 이혼을 힘들어하는 아이를 다독여주세요

하지 말아야 하는 말

① 감정을 받아주지 않기
  "운다고 달라질 건 없어. 받아들여."
② 회피하기
  "엄마 얘기 그만하고 가서 씻기나 해."
③ 부모의 죄책감 전달하기
  "다 내 탓이다. 미안하다, 미안해."
④ 취조하듯 묻기
  "네 엄마 아직도 밤늦게까지 술 마시지?"

꼭 들려주어야 할 말

① 감정은 수용하되 한계는 알려주기
  "네 마음이 아주 힘든 걸 알아. 엄마도 마음이 참 아프구나. 엄마 아빠가 같이 살 수는 없지만 널 향한 엄마의 사랑, 아빠의 사랑은 그대로란다."
② 전 배우자와의 만남을 지지하기
  "네가 아빠와 행복한 시간을 보내고 와서 엄마도 정말 행복하다."

8-4

부모에게 이성 친구가 생겼을 때

"네 마음을 존중해. 네가 준비될 때까지 기다릴 거야"

초등학생 시절 부모의 이혼을 겪은 지인이 있다. 성인이 될 때까지 아버지와 함께 살며 어머니와는 떨어져 지냈다. 독립해 사회생활을 하는 최근까지도 어머니와의 관계가 불편하다고 한다. 이유에 대해 그는 이렇게 말했다.

"대학생 때 어머니와 식사 약속을 잡고 나갔던 적이 있어. 그런데 말도 없이 남자 친구와 함께 오셨더라고. 적잖이 당황했고 불편했지만 참고 식사를 했어. 이런 경험이 몇 번 반복되고 나니 어머니를 만나는 것 자체가 불편하더라."

이처럼 성인이 되어도 부모의 이성 친구를 받아들이는 건 쉽지 않은 숙제이다. 충분히 이해하고 받아들이려면 시간이 필요하다.

성인들도 '나의 엄마', '나의 아빠'가 아닌 '한 여성', '한 남성'으로 부모를 이해하기 위한 노력의 시간이 필요한 것이다. 특히 이혼 과정에서 부모에 대해 오해하게 되었거나 불신이 쌓인 경우는 부모의 이성 친구를 더 받아들이기 어렵다. 재혼을 원한다면 아이가 이 사실을 받아들일 수 있도록 충분한 시간적 여유를 주고 대화를 나눠야 한다.

아빠: 현정아, 인사해. 아빠 친구야. ✦

아이: (얼굴만 쓱 훑고 제대로 인사를 하지 않는다.)

아빠: 아빠 친구인데 제대로 인사해야지.

아이: 아빠한테나 친구지, 난 모르는 사람인데요?

아빠: 너 그게 무슨 말버릇이야. 예의 있게 행동해.

아이: 왜 아빠 마음대로예요? 내가 아빠 친구 만나고 싶다고 한 적 있어요?

아빠: 너 정말! 아빠가 이렇게 가르쳤어? 이게 뭐 하는 행동이야!

아이: 아빠는 항상 아빠 마음대로야!

아이가 이렇게까지 강한 말로 표현하지 않는다고 해도 아이 마음은 상당히 불편할 것이다. 강한 반감을 표현할 수도 있지만 속으로 감정을 꾹 억누르는 아이도 있을 것이다. 아이들의 불편한 감정을 자세히 들여다보면 불안감과 두려움이 있다.

아이들은 무엇이 불안할까. 영원할 것 같던 부모의 관계가 깨졌던 아픈 경험이 떠오른다. 부모가 만난 새로운 이성 친구를 보면서 이 관계도 언젠가 깨질 수 있다는 불안감이 들 수 있다. 같은 상처를 반복하고 싶지 않은 마음에 마음을 열기가 어렵다.

두려움이 생기는 이유는 무엇일까. 어떻게 가정이 변할지 모른다는 불안정한 느낌이 들어서다. 아이들은 이미 생활의 변화를 경험하고 겨우 적응하고 있다. 또 다른 변화가 예상된다면 부담으로 다가올 수 있다. 마음속에 떠오르는 여러 질문도 아이들을 혼란스럽게 한다. 부모의 이성 친구를 만났을 때 아이들이 떠올리는 대표적인 질문은 다음과 같다. 모두 아이 스스로 다루기 어려운 질문들이다.

이제 엄마(또는 아빠)는 나보다 저 사람이 더 소중해진 건가?

엄마(또는 아빠)는 이제 내 상처에 대해 무관심한 건가?

난 이제 엄마(또는 아빠)와도 떨어져 살게 되는 건가?

떨어져 살고 있는 엄마(또는 아빠)도 이 사실을 알까? 이해할 수 있을까? 마음이 힘들진 않을까?

내가 엄마(또는 아빠)의 이성 친구와 가깝게 지내면 그것은 아빠(또는 엄마)를 배신하는 행동이 아닐까?

난 엄마(또는 아빠)의 이성 친구의 호칭을 어떻게 불러야 하나?

난 엄마(또는 아빠)의 이성 친구와 같이 살게 되는 건가?

난 전학(이사)을 가게 되는 건가?

질문에 대해 대답해주기 전에 가장 중요하게 아이들에게 전달되어야 할 마음이 있다. '너희들은 여전히 내게 가장 소중한 자식들이야. 우리의 관계는 변하지 않아. 너희를 향한 내 사랑은 변함이 없단다'라는 사실이다. 아이들이 부모 삶의 우선순위에서 밀려난 것이 아니며 여전히 가장 소중한 존재임을 알려야 한다.

부모의 마음을 아이에게 충분히 말로 표현하지 않는다면 아이들은 부모의 마음을 느낄 방법이 없다. 부모의 마음이 떠났다고 느껴질 때 아이들은 부모의 관심을 돌리기 위한 자신만의 방법을 쓴다. 떼를 쓰거나 반항하는 등 반감을 표현하는 부정적인 방식을 선택하게 될 수도 있다.

앞(323쪽)에 나온 대화에서처럼 아이가 반감을 나타낸다면 부모의 사랑을 표현하는 기회로 삼으면 된다. 불안한 생각과 많은 질문이 담겨 있는 반감임을 이해하자. 거친 말투나 행동을 지적하기 전에 진심 어린 애정을 표현해 아이를 안심시켜야 한다. 대화를 나눌 수 없을 만큼 아이가 도를 넘는 행동을 할 수 있다. 그럴 때는 인간으로서 당연히 지켜야 할 기본 예절, 보편적인 행동의 선을 지킬 수 있도록 언급해주자.

> "현정아, 아빠 친구를 갑자기 소개해줘서 꽤 놀랐지? 현정이 입장에선 당황스러울 수 있을 것 같아. 미리 얘기하지 못해 미안해."
> "당연히 지금 당장은 어색하고 불편하기도 하고 싫을 수 있어. 네가 감정을 숨기면 대화를 나눌 기회가 없었을 텐데, 이렇게 솔직히 표현해주어서 고마워."

"현정아, 그래도 우리 기본적인 예의는 갖추는 게 좋을 것 같아. 대화를 나눌 자세를 갖춰야 서로의 생각을 들을 수 있거든."
"현정이는 아빠한테 둘도 없는 딸이고 진짜 소중한데, 얼마나 화가 나면 이렇게 말할까 싶어서 마음이 아프네."

이혼 후에 겪는 압박과 고통은 이루 말할 수 없다. 큰 고독과 아이를 홀로 책임져야 한다는 부담감, 아이에 대한 죄책감, 경제적인 문제 등에 짓눌리는 경우가 대부분이다. 그러던 중에 남은 인생을 함께할 좋은 친구를 만났다면 응원받아야 마땅하다. 정말 축하받을 일이다. 당연히 이성 친구와 둘만의 시간을 보내는 데이트도 필요할 것이고, 삶을 공유할 시간도 가져야 할 것이다. 하지만 아이들은 아직 이러한 부모 마음을 이해하기 어려울 수 있다.

만약 부모가 이성 친구를 만난 이후 아이들과 함께하는 시간이 눈에 띄게 줄어든다면 아이는 소외감을 느끼게 된다. 둘째가 태어났을 때 상심하는 첫째를 다독여본 경험이 있다면 이해하기 쉬울 것이다. 첫째가 진정으로 동생을 받아들이기까지 부모는 상당한 노력을 기울여야 한다. 동생이 생기면 부모의 사랑이 둘로 쪼개지는 것이 아니라 부모가 둘 모두를 사랑하는 것임을 이해시켜야 한다. 첫째와 단둘이 데이트를 하며 마음을 다독이는 시간도 필요하다. 부모의 이성 친구가 생겼을 때도 마찬가지다. 부모의 이성 친구를 받아들이는 데도 적응 기간이 충분히 필요하다.

아이에게 다음과 같이 얘기해준다면 새로운 관계에 대한 부담이 줄어들 것이다.

"병준아, 엄마는 네가 아저씨와 좋은 친구가 되었으면 좋겠어."
"네 마음에 아직 싫을 순 있겠지만 아저씨는 널 위해 노력하고 싶어 해. 한 번 기회를 주면 어떨까?"
"병준아, 오늘 엄마랑 영화관 갈래? 너하고 둘만 시간을 보내고 싶네."
"병준아, 엄마는 네 마음과 생각을 존중해. 네가 마음이 준비될 때까지 기다릴 거야."
"같이 식사하면서 예의를 지켜줘서 정말 고마워. 병준이가 엄마를 위해 노력해주는 모습이 보여서 굉장히 고마웠어."

아이의 마음을 다독이는 대화를 통해 아이와의 관계가 단단해져야 한다. 부모의 사랑을 느끼고 신뢰하게 되는 것이 우선이다. 갑작스럽게 이성 친구와 대면하도록 하면 아이는 당황할 수밖에 없다. 아이에게 미리 알리는 것이 필요하다.

이성 친구의 존재를 알릴 때 아이의 머릿속에는 많은 의문이 든다. 아이가 궁금한 부분을 직접 물어보지 않더라도 의문을 가질 만한 부분에 대해 차분히 설명해주자. 아이가 부모의 이성 친구와 돈독한 관계가 되려면 많은 시간이 필요하다. 아이에게 충분한 시간적, 심적 여유를 준다면 편안한 관계가 될 수 있을 것이다.

이런 상황과 말은 상처가 될 수 있어요

① 갑작스러운 만남은 피해주세요.
② 이해하지 못하는 아이를 다그치지 마세요. 아이에게도 시간이 필요해요.
　"내가 너 키우느라 이렇게 고생하는데 친구도 마음대로 못 만나니?"
　"예의 없게 이게 뭐 하는 행동이야?"

솔직한 감정을 말해주세요

"엄마는 여전히 너희를 사랑해. 그런데 엄마가 혼자 가정을 꾸리면서 세상을 살아가기엔 버거운 부분들이 많아. 최근에 엄마의 힘든 부분을 이해해주고 함께할 좋은 친구를 만났어. 의지할 친구가 생기고 나니 엄마 마음이 더 편안해졌고, 그 덕분에 너희를 더 사랑해주고 안정적으로 키울 수 있는 것 같아."

사춘기 아이의 상처를 치유하는 말

"네가 행복해질 수 있도록 최선을 다할게"

오하이오주립대학 클레어 더쉬 교수는 30년간 미국 내 약 5,000가구를 대상으로 부부 관계가 자녀에 미치는 영향을 조사했다. 그 조사에 따르면, 이혼 여부와 상관없이 가정이 안정적으로 유지되는 것이 가장 중요하다고 밝혔다.[*] 한부모 가정이라도 안정적으로 생활하고 있다면 아이들이 잘 자랄 수 있다는 의미이다. 사춘기를 겪더라도 안정을 찾을 수 있도록 도와준다면 충분히 이혼의 상처를 극복할 수 있다. 안정을 유지하려면 아이와의 약속을 잘 지키는 것, 부모에 대한 반감을 해소시켜주는 것, 엇나가는 행동에 대해 적절한 통제를 하는 것이 중요하다.

사춘기 아이들은 매우 감정적이란 사실을 기억해야 한다. 특히 부모에게 실망감을 느끼면 감정은 부정적인 방법으로 표출될 수 있다. 약속을 잘 지켜서 아이가 실망할 상황을 줄여나가야 한다. 다음의 대화는 아이의 실망감이 부정적으로 표출되는 상황이다.

아빠: 은호야, 아빠가 오늘은 못 가겠다. ✦
은호: 기대도 안 했어. 늘 그렇지 뭐.
아빠: 아빠가 일부러 안 가겠어? 급한 일이 생겨서 회사에 가야 하는데 어떡해.
은호: 됐어. 옷 사게 돈이나 보내.
아빠: 아빠가 네 ATM기냐? 넌 중학교 들어가더니 아빠가 기계로 보여?
은호: 어쩌라고요.

이혼하기 전 부모가 시간 약속을 어길 때 아이들이 느꼈던 감정과 이혼한 후 아이들이 느끼는 감정은 조금 다를 수 있다. 후자에 더 큰 좌절감을 느낀다. 떨어져 지내던 부모를 만나는 날은 아이들에게 정말 소중하다. 부모는 여전히 아이를 사랑하지만, 부모와 떨어져 살고 있는 아이들은 이를 구체적으로 느끼기가 어렵다. 부모와 만나는 날은 사랑을 확인할 수 있는 중요한 날이다. 이 약속이 지켜지지 못한다면 어떨까. 단순히 시간 약속에 대한 실망이 아닌 부모의 사랑에 대한 좌절이 함께 느껴진다.

떨어져 사는 부모와 만나는 시간 약속은 되도록 꼭 지키자. 정말 부득이한 사정이 생긴다면 아이가 이유를 납득할 수 있도록 충분히 설명해야 한다. 아이와의 약속을 미루게 되어 속상하고 아쉬운 부모의 감정도 같이 전달하면 좋다. 이혼 후에 아이들이 안정을 찾고 부모에 대한 신뢰를 회복하기 위해 꼭 필요한 과정이다. 떨어져 있어도 부모 모두의 관심과 보살핌 속에 있음이 느껴져야 한다. 진심이 전해지면 다음과 같이 대화가 한결 부드러워질 수 있다.

아빠: 은호야, 아빠가 너무 속상하고 마음이 아프네. 은호 볼 날만 ✦
손꼽아 기다리고 있었는데, 오늘 만나기가 어려울 것 같아.

은호: 왜? 오늘 못 와?

아빠: 응. 아빠가 오늘 꼭 너와 만나고 싶었는데 회사에 급하게 출근을 하게 되었어. 아빠가 보고 있던 업무에 긴급 상황이 생겼네.

은호: 아… 오늘 아빠랑 꼭 사려던 게 있었는데.

아빠: 너도 기대하고 있었을 텐데 아빠가 약속 어겨서 정말 미안해.

은호: 알겠어요. 그러면 언제 와요?

아빠: 오늘 잘 해결하고 내일 데리러 갈게.

은호: 어쩔 수 없죠, 알겠어요.

아빠: 이해해줘서 고마워 은호야, 사랑한다.

이혼 과정은 어느 부부에게나 고통스럽지만, 특히 한쪽 배우자에게 큰 유책 사유가 있다면 더 어려운 부분이 있다. 아이들 마음에 한쪽 부모에 대한 원망과 반감이 크게 자리할 수 있기 때문이다. 자신이 누구인지에 대해 질문을 던지는 사춘기 시기엔 더욱 힘들다. 나의 뿌리인 부모에 대한 반감은 '나'라는 존재에 대한 부정으로 이어질 수 있기 때문이다. 원망과 미움, 불평과 불만이 마음에 자리 잡을수록 아이는 더 고통스러워진다.

되도록 주변 사람들로부터 부모에 대한 안 좋은 말을 듣게 되는 상황을 차단해야 한다. 안타깝게도 조부모를 통해 친부모에 대한 비난을 듣는 경우가 많다. 할머니와 할아버지는 귀하디귀한 손주가 한부모 아래에서 자라는 것을 보면 가슴이 아프다. 그래서 은연중에 "네 엄마가 잘못해서 이혼한 거야", "네 아빠는 정말 나쁜 사람이야", "이 생떼 같은 새끼들을 두고 어떻게 그럴 수가 있어", "딸은 엄마 인생 닮는다던데, 이 일을 어찌할꼬" 같은 말들을 하기 쉽다. 이런 상황이 생기지 않도록 전 배우자와 내 부모에게 당부를 해두어야 한다. 아이를 위해 서로의 치부는 감춰주어야 한다.

이미 아이가 한쪽 부모에 대한 반감이 강한 채로 사춘기를 맞이했다면 어떻게 해야 할까. 아이에게 끊임없이 자신의 존재 가치를 느낄 수 있는 말들을 들려주어야 한다. 가랑비에 옷 젖듯이 스며들어 언젠가는 아이에게 큰 힘이 되어줄 말들이다.

"비록 이혼했더라도 넌 분명 엄마와 아빠의 사랑의 결실이야."
"네가 태어났을 때 세상을 다 가진 것 같았어. 지금도 마찬가지야."
"아빠가 네 앞에서 실수했지만 너를 사랑하지 않아서가 아니야. 스스로의 삶을 감당하기 어려웠을 뿐이야."
"엄마처럼 살기 싫다는 말은 하지 않았으면 좋겠어. 넌 엄마의 좋은 점만 닮았어. 친구들에게 친절하지, 리더십도 있지. 넌 분명 행복한 삶을 살 거야."

"넌 정말 축복 같은 아이야. 너로 인해 아빠가 이렇게 행복한 것처럼 다른 사람들도 너를 통해 힘을 얻게 될 거야."

한쪽 부모가 부모 역할을 제대로 못 했더라도 당신이 아이에게 든든한 버팀목이 되어주고 있다. 부정적인 부분에만 초점을 맞추지 않고, 현재 아이에게 사랑을 주고 있는 부모가 있다는 사실을 상기시켜주어야 한다.

"혁아, 다른 자상한 아빠를 보면 속상하기도 하고 '우리 집은 왜 이럴까 싶어서' 화가 날 수도 있어. 그렇지만 혁아, 언제나 너를 응원하고 사랑하는 엄마가 있잖아. 엄마는 언제든 네 말에 귀 기울이고, 네가 잘 성장하도록 도울 거야. 아빠 때문에 속상한 마음이 드는 날에는 혼자 힘들어하지 말고 엄마한테 얘기해줘. 엄마가 네 마음에 힘을 줄게."

부모의 이혼으로 상처를 받은 아이의 마음은 이해해주어도 기본적인 선을 넘어서는 무례한 행동까지 이해하려 해서는 안 된다. 사춘기 때 아이의 반항 강도가 거세지거나 짜증이 심해졌을 때는 적절한 선을 제시해야 한다. 아이에 대한 죄책감으로 잘못된 행동까지 받아주다 보면 올바르게 훈육하기가 어렵다. 아이의 힘들어하는 감정은 받아주되 잘못된 행동은 단호하게 제지해야 한다.

아이가 힘든 감정을 학교에서 친구들이나 교사에게 표출하거나 변화된 일상에 적응하기 어려워한다면 이렇게 말해주자.

"네가 엄마 아빠의 문제로 혼란스럽고 화가 난 건 충분히 이해해. 하지만 너를 사랑하기 때문에 네가 교실에서 다른 사람들에게 어려움을 주는 걸 내버려 둘 순 없어. 힘든 마음을 엄마 아빠에게 말로 설명해주면 좋겠어."

부모에 대한 반감 때문에 부모를 무시하거나, 휘두르려는 행동을 할 수도 있다. 그럴 땐 이렇게 말해주자.

"네가 상처받은 마음은 이해해. 하지만 부모에게 함부로 상처 주는 말을 해서는 안 되는 거야. 엄마는 네 상처가 회복될 수 있게 너와 함께 노력하고 싶어."
"네 마음이 힘든 건 알고 있어. 하지만 어른에게 이렇게 행동해선 안 돼. 이건 무례한 행동이야."
"네가 속상해하는 걸 보니 아빠도 마음이 아파. 하지만 이런 방식으로 말을 해서는 안 되는 거야. 네가 이혼 때문에 상처받고 힘든 건 알지만, 기본적인 예의는 지켜야 해. 아빠는 네가 건강한 태도를 가진 한 사람으로 자라길 바라."

실현 불가능한 바람을 요구하거나 다시는 부모를 보지 않을 것이라는 식의 극단적인 표현도 할 수 있다. 이처럼 들어줄 수 없는 요구를 할 때는 거절해야 한다. 아이가 진정으로 원하는 것이 무엇인지 충분히 대화를 나누며 다른 대안을 찾는 것도 좋다.

> "네가 엄마도 아빠도 미워서 혼자 살고 싶다고 이야기하지만, 지금은 불가능한 일이야. 네가 얼마나 힘들고 속상하면 이런 말까지 하는지 마음이 아프다. (감정 전달)
> 하지만 지금은 들어줄 수 없어. (제한하기)
> 생각할 시간이 필요해서 이런 말을 한 거라면 며칠 할머니 댁에 가서 푹 쉬고 오는 건 허락해줄 수 있어. 어때?" (대안 제시)

이혼이라는 현실에 맞서 싸우며 아이를 지키려고 최선을 다하는 당신을 진심으로 응원한다. 누구도 쉽게 견딜 수 없는 이 과정을 당신은 자녀에 대한 사랑과 책임감으로 여기까지 헤쳐왔다. 사춘기라는 격정의 시기에 가려져 아이 눈엔 부모의 사랑이 보이지 않을 수 있다. 시간이 흐르고 이 시기를 넘어서고 나면 자신의 방황을 이해하기 위해 부단히 애쓴 부모의 모습이 보일 것이다. 당신을 닮은 이 아이는 결국엔 어려움을 이겨낼 것이다. 아이의 잘못된 행동은 바로잡아주고 신뢰를 쌓기 위한 노력을 지속하다 보면 긴 사춘기의 터널은 어느새 지나가 있을 것이다.

TIP 이혼 상황에서 사춘기 아이와 대화하는 법

잘못된 행동에는 선을 그어주세요

- "엄마 아빠가 네게 상처를 준 건 진심으로 가슴이 아프고 미안해. 네 마음이 괜찮아지도록 엄마 아빠도 최선을 다할 거야. 하지만 엄마와 아빠에 대한 미움으로 네 삶이 흔들리는 건 지켜볼 수 없구나. 네가 건강한 사람으로 자라길 바라."

아이가 사랑을 느끼도록 충분히 말해주세요

- "너는 누가 뭐래도 소중한 존재야. 엄마 아빠의 에너지의 근원이고 최고의 행복이야."
- "엄마랑 아빠는 네게 진심으로 고마워하고 있어."
- "네가 행복해질 수 있도록 엄마 아빠가 각자의 위치에서 최선을 다할게."

1장 부모가 달라지면 말이 달라진다

1-1 부모의 마음 상태에 답이 있다

* 김미예·박동영, 〈영유아 어머니의 양육 스트레스, 우울 및 언어적 학대〉, 아동간호학회지, 15(4), 2009. 10.
** https://nyulangone.org/
*** Eric R. Spangenberg & Anthony G. Greenwald, "Social Influence by Requesting Self-Prophecy", Journal of Consumer Psychology, 8(1), 1999.

1-3 부모와 아이, 서로의 욕구를 알아야 한다

* 마셜 B. 로젠버그·가브리엘레 자일스, 《상처 주지 않는 대화》, 파우제, 2018.
** 한국비폭력대화교육원 홈페이지(www.krnvcedu.com) '느낌/욕구 목록' 참고.
*** 한국비폭력대화교육원 홈페이지(www.krnvcedu.com) '느낌/욕구 목록' 참고.

1-5 워킹맘을 위한 하루 10분 대화법

* 오현정·황원경, 〈2019 한국 워킹맘 보고서〉, 2019, p.36, p.42, p.45(www.kbfg.com/kbresearch/report/reportView.do?reportId=1003878)
** Loes Meeussen & Colette van Laar, "Feeling pressure to be a perfect mother relates to parental burnout and career ambitions", Frontiers in Psychology, 9, 2018, p.2113.

2장 아이와 관계가 좋아지는 부모의 말

2-1 긍정적 메시지는 힘이 세다

* Jonathan van 't Riet, Robert A. C. Ruiter, Marieke Q. Werrij, Math J. J. M. Candel, Hein de Vries, "Distinct pathways to persuasion: The role of affect in message-framing effects", European Journal of Social Psychology, 40(7), 2010, pp.1261~1276.

2-3 아이에게 무언가 말하고 싶을 때

* 마리안느 두브레르 지음, 주형원 옮김, 《시작합니다, 비폭력대화》, 북로그컴퍼니, 2020.

2-4 아이가 내게 말을 걸어올 때

* C. L. Kleinke & T. B. Tully, "Influence of talking level on perceptions of counselors", Journal of Counseling Psychology, 26(1), 1979, pp.23~29.
** Carl R. Rogers & Richard Evans Farson, Active listening, Martino Fine Books, 2015.

2-5 아이의 성향과 기질을 이해하라

* Alexander Thomas & Stella Chess, *Temperament and development*, New York: Brunner/Mazel, 1977.

3장 아이의 자율성을 높이는 부모의 말

3-1 선택의 자유가 자율성을 높인다
* Richard M. Ryan & Edward L. Deci, "Self-determination theory and the facilitation of intrinsic motivation, social development, and well-being", American Psychologist, 55(1), 2000, pp.68~78.

3-3 아이의 생각을 묻는 질문이 중요하다
* https://gifted.kaist.ac.kr/bbs/board.php?bo_table=newsletter&wr_id=8

3-4 적절한 '안 돼' 사용 설명서
* Barbara Pavlova, PhD 1, 2; Alexa Bagnell, MD 1, 3; Jill Cumby, MN2; et al., "Sex-Specific Transmission of Anxiety Disorders From Parents to Offspring", JAMA Network Open, 5(7), 2022.

3-5 아이가 실수하고 실패했을 때
* 오노 마사토 지음, 고향옥 옮김, 《실패 도감》, 길벗스쿨, 2020.

4장 아이의 자존감을 키우는 부모의 말

4-1 신뢰와 격려의 말이 자존감을 높인다
* M. H. Kernis, "Toward a conceptualization of optimal self-esteem", Psychological Inquiry, 14(1), 2003, pp.1~26.
** Ronald Preston Rohner, *They love me, they love me not: a worldwide study of the effects of parental acceptance and rejection*, New Haven : HRAF Press, 1975.

4-2 작은 성취의 힘
* Allan Luks & Peggy Payne, *The Healing Power of Doing Good: The Health and Spiritual Benefits of Helping Others*, iUniverse, 2001.

4-5 아이에게 해서는 안 되는 말들
* 〈2015 어린이·청소년 행복지수 국제비교 연구조사 결과 보고서〉, 한국방정환재단, 2015년 5월.
** 토머스 고든 지음, 홍한별 옮김, 《부모 역할 훈련》, 양철북, 2021.
*** 애덤 그랜트 지음, 홍지수 옮김, 《오리지널스》, 한국경제신문, 2016.

5장 아이의 사회성을 높이는 부모의 말

5-1 배려심을 키우는 말
* "Children are NOT born nice: Researchers claim that environmental factors play a major part in altruism", Dailymail, 2015.1.6. (www.dailymail.co.uk/sciencetech/article-2899513/Children-NOT-born-nice-Researchers-claim-environmental-factors-play-major-altruism.html)

5-2 소극적인 아이를 돕는 말
* Peter H. Reingen, "Test of a list procedure for inducing compliance with a request to donate money", Journal of Applied Psychology, 67, 1982, pp.110~118.

5-4 친구와의 갈등을 중재하는 말
* www.pbs.org/wgbh/pages/frontline/shows/divided/etc/view.html
** 제임스 알투처 & 클라우디아 알투처 지음, 김정한 옮김, 《거절의 힘》, 홍익출판사, 2015.

6장 공부하는 아이로 키우는 부모의 말

6-1 공부 무기력증에서 벗어나게 하는 말
* www.ted.com/talks/carol_dweck_the_power_of_believing_that_you_can_improve?utm_campaign=tedspread&utm_medium=referral&utm_source=tedcomshare

6-2 성장하는 사고방식을 갖게 도와야 한다
* 캐롤 드웩 지음, 김민재 옮김, 《마인드셋》, 스몰빅라이프, 2017.
** 앤절라 더크워스 지음, 김미정 옮김, 《그릿》, 비즈니스북스, 2019.

6-3 학습 동기를 부여하는 말
* Amanda Ripley, "Should Kids Be Bribed to Do Well in School?", Time, 2010. 4. 8.

6-4 효율적으로 학습하게 돕는 말
* John H. Flavell, "Metacognition and cognitive monitoring: A new area of cognitive-developmental inquiry", American Psychologist, 34(10), 1979, pp.906~911.

6-5 격려에도 올바른 방법이 있다
* Frederique Autin & Jean-Claude Croizet, "Improving working memory efficiency by reframing metacognitive interpretation of task difficulty", Journal of Experimental Psychology-General, 141(4), 2012, pp.610~618.
** Marie-Anne Suizzo, Kadie R. Rackley, Paul A. Robbins, Karen Moran Jackson, Jason R. D., Rarick & Shannon McClain, "The Unique Effects of Fathers' Warmth on Adolescents' Positive Beliefs and Behaviors: Pathways to Resilience in Low-Income Families", Sex Roles, (77), 2016, pp.46~58.

7장 사춘기 자녀를 위한 부모의 말

7-1 뇌의 발달을 이해하고 수용하기
* Louise Greenspan M.d. & Julianna Deardorff Ph.d., *The New Puberty*, St Martins Press, 2015.
** Deborah A. Yurgelun-Todd & William D. S. Killgore, "Fear-related activity in the prefrontal cortex increases with age during adolescence: A preliminary fMRI study", Neuroscience Letters, 460(3), 2006.

*** 리사 다무르 지음, 고상숙 옮김, 《여자아이의 사춘기는 다르다》, 시공사, 2016.

7-2 눈높이를 맞추고 동등한 입장으로 대하라

* Richard S. Cimbalo, Kathleen M. Measer, Kimberly A. Ferriter, "Effects of directions to remember or to forget on the short-term recognition memory of simultaneously presented words", Psychological reports, 92(3), 2003.

7-4 아이의 행동을 변화시키는 말

* E. E. Maccoby & J. A. Martin, "Socialization in the context of the family: Parent-child interaction", In P. H. Mussen & E. M. Hetherington, *Handbook of child psychology: Vol. 4. Socialization, personality, and social development (4th ed.)*, New York: Wiley, 1983.
** 인성채널e (안녕!우리말) 내가 몰랐던 것 www.youtube.com/watch?v=n6clHYqpdX0

7-5 아이의 적절한 휴대폰 사용을 위해

* 과학기술정보통신부, 〈2020 스마트폰 과의존 실태조사〉.
** "어린이 10중 1명 스마트폰 중독, 키 성장엔 치명적", 〈헬스조선〉(https://m.health.chosun.com/column/column_view.jsp?idx=7022)
*** 한국전자통신연구원(ETRI), 〈전자파 인체 영향 연구 결과 발표〉, 2012. 5. 21.

8장 부부 갈등, 이혼 상황에서의 대화법

8-1 아이를 안정시키는 말

* 장영애·이영자, 〈아동이 지각한 부부 갈등 및 부모-자녀 간 의사소통이 아동의 스트레스와 문제 행동에 미치는 영향〉, 한국가족치료학회지, 19(3), 2011, pp.183~205.
** Cheryl Buehler & Jean M. Gerard, "Marital conflict, ineffective parenting, and children's and adolescents' maladjustment", Journal of Marriage & Family, 64(1), 2002, pp.15~78.
*** Shreena N. Hira & Nickola C. Overall, "Improving intimate relationships: Targeting the partner versus changing the self", Journal of Social and Personal Relationships, 28(5), 2010, pp.610~633.

8-2 이혼을 받아들이도록 돕는 말

* 김남숙, 〈부모의 이혼이 청소년 자녀에게 미치는 영향: 서울 시내 중학생을 중심으로〉, 중앙대학교 석사학위 논문, 1994.
** Thomas H. Holmes & Richard H. Rahe, "The social readjustment rating scale", Journal of Psychosomatic Research, 11(2), 1967.

8-3 이혼 후, 아이에게는 두려움이 찾아온다

* "Parental Conflict Can Affect School Performance", www.sciencedaily.com, 2005. 5. 9.

8-5 사춘기 아이의 상처를 치유하는 말

* H. Elizabeth Peters & Claire M. Kamp Dush, *Marriage and Family: Perspectives and Complexities*, Columbia University Press, 2009.